大数据与城市商业空间布局优化

住房和城乡建设部2016年科学技术项目计划——研究开发项目（信息化技术）
《基于大数据的城市商业空间布局优化研究（2016-K8-038）》

张健 著

同济大学出版社
TONGJI UNIVERSITY PRESS

图书在版编目（CIP）数据

大数据与城市商业空间布局优化 / 张健著 . -- 上海 :
同济大学出版社 , 2018.4

ISBN 978-7-5608-7808-9

Ⅰ . ①大… Ⅱ . ①张… Ⅲ . ①城市商业－城市规划－
研究 Ⅳ . ① TU984

中国版本图书馆 CIP 数据核字 (2018) 第 076397 号

大数据与城市商业空间布局优化

出 品 人： 华春荣
责任编辑： 吕　炜
责任校对： 徐春莲
装帧设计： 完　颖

出版发行： 同济大学出版社有限公司
经　　销： 全国各地新华书店、建筑书店、网络书店
印　　刷： 浙江广育爱多印务有限公司
开　　本： 889mm×1 194 mm 1/16
印　　张： 9
字　　数： 288 000
版　　次： 2018 年 4 月第 1 版　2018 年 4 月第 1 次印刷
书　　号： ISBN 978-7-5608-7808-9
定　　价： 69.00 元

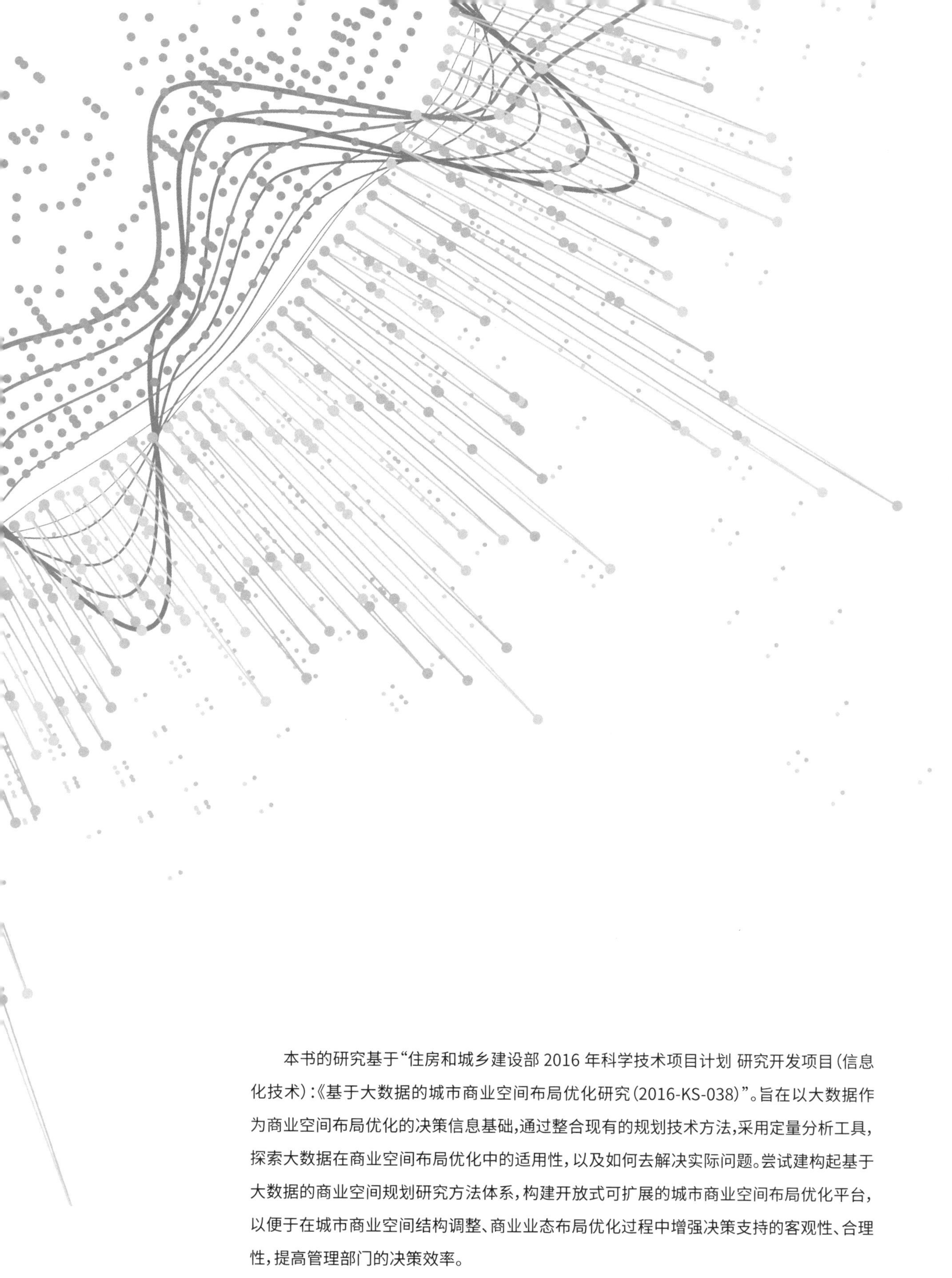

本书的研究基于“住房和城乡建设部 2016 年科学技术项目计划 研究开发项目(信息化技术):《基于大数据的城市商业空间布局优化研究(2016-KS-038)”。旨在以大数据作为商业空间布局优化的决策信息基础,通过整合现有的规划技术方法,采用定量分析工具,探索大数据在商业空间布局优化中的适用性,以及如何去解决实际问题。尝试建构起基于大数据的商业空间规划研究方法体系,构建开放式可扩展的城市商业空间布局优化平台,以便于在城市商业空间结构调整、商业业态布局优化过程中增强决策支持的客观性、合理性,提高管理部门的决策效率。

大数据是如何有效地应用于城市规划与管理,大数据及其分析结果是否会成为规划过程中必要的参考体系或者决定因素,这些命题都需要业界和学界持续深入地研究、探讨。希望本书能为大数据在城市规划领域中的研究提供视角和实践内容。

序

空间不是社会经济活动的背景，而是其活动内容的一部分。无论是人口规模、经济规模、用地规模的测算，还是精明增长、空间句法、空间行为学等理论与方法的运用，其目的都是在空间层面展开对社会经济活动的深入研究，开展这些工作的前提与基础都是“数据”。

面对大数据，规划研究对数据的要求不再是随机样本，而是全体数据；不再是精确性，而是混杂性；不再是因果关系，而是相关关系。大数据，带给城市规划的不仅是一场颠覆性的技术革命，更是一种思维方式、行为模式与治理理念的全方位变革。城市的复杂系统特性决定了城市规划是随着城市发展与运行状况长期调整、不断修订、持续改进和完善的复杂的连续决策过程。大数据，有可能让这一过程更加可行。

《大数据与城市商业空间布局优化》是基于数据分析实践的发现与总结。研究视角从宏观到微观，以专题研究的形式，探索了城市空间在演变过程中，不同空间尺度下的商业空间布局与演变规律。四个方面的探索令人印象深刻：

一、验证了大数据对城市商业空间规划的决策支持作用。把大数据信息引入多目标决策模型，用于商业用地适宜性的评价，以判断城市不同商业用地的性质和规模；用于商业用地需求及业态导向的评价，以提供城市商圈等级和商圈业态的决策支持；用于城市商业空间结构的评价，以指导城市商业空间结构优化布局。此类基于大数据和城市空间信息融合的方法，能为城市空间布局提供出精细化的决策支持方案。

二、验证了多中心背景下城市商业中心吸引力和相互作用的客观规律。把大数据引入空间引力模型，分析城市中心发展客观规律，探讨多中心的相互作用关系，能补充传统基于单中心假设的城市空间结构相关理论和模型的研究，同时对指导城市商业中心选址和城市空间结构规划具有良好的现实意义。

三、 验证了城市商业空间布局与人口耦合的规律和特征研究。利用商业数据和人口数据引入耦合模型，分析零售商业空间分布模式和集聚格局，分析零售商业与城市人口布局的耦合关系，有助于合理确定城市商业设施同人口分布的匹配度，促进商业网点布局的持续地动态迭代优化。

四、验证互联网商业模式对城市商业业态布局的影响。互联网模式引发了商业业态的重新布局：宏观空间尺度上，呈现远离城市主中心并在其边缘再集聚的区位特征；中观尺度上，外卖店铺远离传统商业中心和主要道路交叉口，与实体店铺形成空间互补关系，并在可达性较低的街道形成再集聚；微观尺度上，呈现显著的偏离临街区位，向地块内部渗透的特征。

大数据是如何有效应用于城市规划研究，以及在未来的城市规划中，大数据及其分析结果是否会成为规划过程中必要的参考体系或者决定因素，需要业界和学界持续深入研究、探讨。

希望本书能够丰富大数据在城市规划领域中的研究视角和实践内容。

戴慎志 吴庐生

2017 年 12 月

前 言

本书旨在以大数据作为商业空间布局优化的决策信息基础，通过整合现有的规划技术方法，采用定量分析工具，探索大数据在商业空间布局优化中的适用性，以及如何解决的实际问题。尝试建构起基于大数据的商业空间规划研究方法体系，构建开放式可扩展的城市商业空间布局优化平台。以便于在城市商业空间结构调整、商业业态布局优化过程中增强决策支持的客观性、合理性，提高管理部门的决策效率。

本书集中阐述了三个方面的内容。

首先，本书从大数据与城市商业空间研究的发展情况、研究综述入手，梳理商业空间研究对大数据的需求、定量化研究的方法体系，以及国内外商业空间布局优化的研究内容和方向，从中提取出商业空间布局优化研究的三大关键问题：数据、方法、视角。数据获取的问题在于数据的全面性与客观性；定量方法的问题在于规划理论模型与空间分析方法的结合；研究视角的问题在于不同视角要有与之匹配的数据类型和分析内容。

第二，选取浮动车 GPS 数据、POI 数据、网络数据（大众点评、搜房网、安居客）作为研究的数据源，分别从城市商业空间规划决策支持、城市商业空间结构演化规律、城市商业空间布局规律和特征、城市商业业态布局规律和特征四个方面展开实践研究，从而得到相应的现实发现。

1．城市商业空间规划决策支持研究。通过分析武汉市浮动车数据验证了城市热点区域同城市商业空间分布的关系，探索了城市热点区域在城市商业空间评价、优化中的应用。研究发现，海量浮动车 GPS 数据的空间聚类分析，可以对城市商业空间进行三个方面的评价：商业用地适宜性的评价，用来判断城市不同商业用地的性质和规模；商业用地需求及业态导向的评价，用来提供城市商圈等级和商圈业态的决策支持；城市商业空间结构的评价，指导城市商业空间结构优化布局。

2． 城市商业空间结构演化规律研究。通过分析上海市浮动车 GPS 时空数据，验证了多中心背景下城市商业中心吸引力和相互作用的客观规律并探讨扰动客观规律的主要影响因素。研究发现，通过海量浮动车 GPS 数据的时空挖掘，可以识别城市多中心的商业空间结构，能够分析和验证多商业中心吸引力变化的时空规律以及相互作用关系。商业中心吸引力及结构变化的规律受到一系列因素的影响而在局部发生扰动，主要扰动因素包括城市商业中心之外其他人流密集的主要功能区之间的相互吸引、基础设施对可达性的影响、地形地貌等城市空间布局因素和消费者行为、偏好等人文因素等。

3．城市商业空间布局规律和特征研究。从上海市零售商业空间分布模式和集聚格局着手，进一步在居住小区尺度构建模型分析了零售商业与城市人口布局的耦合关系，从整体布局上提出上海市的零售商业空间的优化建议。研究发现：① 上海市各类商业网点均是空间集聚类型，其中服装鞋帽皮具店集聚程度最强，而特色商业街、特殊买卖场所、花鸟鱼虫市场等较弱。② 上海市不同类型商业网点的空间集聚区差别较大。其中大型商场的集聚区主要以浦西中环内为主，沿延安路形成了一条横轴集聚带，而且人民广场、徐家汇、五角场、中山公园和金沙江路形成了明显的集聚区。而特色商业街、家电电子市场、家居建材市场、超市等商业类型都形成了各自的集聚区。③ 上海市大多数类型的商业网点 Ripley's *L(r)* 曲线以倒“U”形为主，即商业网点在一定距离范围内先集聚后分散。在居住小区尺度，商业网点与人口的耦合性还存在诸多不匹配的现象，城市周边高级商业设施和日常生活配套普遍跟不上，在城市外环以内也存在个别耦合性较差的区域。

4．城市商业布局规律、特征和影响因素研究。针对上海市超市、便利店空间分布特征与差异以及产生这些差异的影响因素展开研究。研究发现：① 上海市超市、便利店呈明显的圈层分布，不同圈层超市、便利店密度标准值和占总体数量的比例有所不同，同时圈层分布的差异变化转折点的位置与上海市城市环线所划分的区域基本吻合；② 人口分布、消费水平、人口流动等是影响超市、便利店分布特征与差异的主要因素，超市、便利店的服务特性和差异，决定各影响因素的不同影响机制。

第三，根据研究过程中遇到的数据处理、方法集成、软件操作界面友好性等问题，结合研究中归纳的方法体系，基于 ArcGIS 平台构建“基于大数据的商业空间布局优化决策支持平台”，并开发软件，用于大数据与商业空间布局优化的决策支持应用。

本书的研究基于“住房和城乡建设部 2016 年科学技术项目计划——研究开发项目（信息化技术）：《基于大数据的城市商业空间布局优化研究（2016-K8-038）”。主要内容的研究过程中，先后得到王广斌院长、张文娟副研究员、王琛副教授、张丽娟博士、雷鹏飞博士、石博业博士、孙业鹏硕士等相关人士的指导和建议，正是他们的帮忙，得以保证书稿的顺利完成，在此一并表示感谢。

目 录

1

时代发展需要大数据

大数据开启的时代转型在世界范围内方兴未艾，大数据在商业领域发挥巨大作用的同时，正大步向政府管理、城乡规划专业领域进军，其产生的思维革命与方式转变正不断冲击着传统的城乡规划、政府管理范式。

1.1 “互联网 +”与网络强国战略

2015 年 8 月 31 日国务院发布了《促进大数据发展行动纲要》，这是指导我国大数据发展的国家顶层设计和总体部署。《促进大数据发展行动纲要》将重点围绕数据开放、行业应用和产业链构建展开规划、部署和统筹，具体工程将与多部委工作紧密结合，加强大数据在政府决策、社会管理和公共服务等方面的应用，推动大数据与教育、医疗、交通、公安、环保等领域融合发展。

2015 年 10 月 29 日公布的《中国共产党第十八届中央委员会第五次全体会议公报》（以下简称《公报》），正式吹响了“十三五”期间建设网络强国战略的号角。《公报》提出：“坚持创新发展，必须把创新摆在国家发展全局的核心位置……实施网络强国战略，实施‘互联网 +’行动计划，发展分享经济，实施国家大数据战略。”

习近平总书记在中共中央政治局第三十六次集体学习时将我国网络强国战略提升到综合施策的新高度，对网络强国建设提出了六个“加快”的要求：加快推进网络信息技术自主创新，加快数字经济对经济发展的推动，加快提高网络管理水平，加快增强网络空间安全防御能力，加快用网络信息技术推进社会治理，加快提升我国对网络空间的国际话语权和规则制定权，朝着建设网络强国目标不懈努力。

在“互联网 +”行动计划和网络强国的战略指导下，城市规划作为宏观统筹城市未来发展，合理组织城市空间布局和综合安排各项工程建设的综合部署，规划决策过程应该统筹考虑城市系统中的不同要素。在网络信息化的时代背景下，在我国新型城镇化过程中，如何落实“互联网 +”战略，利用互联网的平台，利用信息通信技术，把互联网和传统城乡规划编制和实践结合起来，如何用网络信息技术推进社会治理，引入多学科的科学技术方法，为城市规划的编制与决策提供更加科学、客观的支持，乃是当下重要的议题。

1.2 政府部门推动大数据管理

大数据是通过量化角度认识世界的有效途径，是改变市场格局、组织结构，以及政府与公众关系的独特方法。“大数据”时代的来临，促使国内外各级政府运用大数据提高其数据管理水平，改变其数据管理模式。城乡规划学科如何依托政府的新兴公共信息资源，去更好地服务于公众与组织，是现阶段学科发展需要解决的重大课题。

国际上有一些国家率先推行了先驱性的政府大数据探索，并积累了管理经验。2004 年，英国政府建立水平扫描中心，以提高政府应对跨部门和多学科数据管理挑战的能力。2011 年，水平扫描中心通过对多渠道数据进行深入分析，预测了环境保护对缓解资源紧张局势和维护国际安全的作用。2010 年，美国总统科学技术顾问委员会在报告《设计一个数字化政府：联邦政府的网络和信息技术研究开发》中阐释了大数据发展策略，认为在数据向知识和行动的转换过程中网络信息技术将发挥重要作用。2011 年，韩国国家信息通信技术战略总统委员会提出大数据发展倡议，呼吁建立广泛的政府大数据网络分析系统，促进政府和私营部门之间的数据整合。2012 年，欧盟委员会在“2012 欧盟数字化议程和挑战”中指出，大数据战略是数字化议程的一部分。

在国内，北京、上海、广州等地率先建立了政府数据资源开放平台，推动数据的开放和共享，并通过信息技术建立了政府管理体系。2016 年，北京市政府发布《北京市“十三五”时期软件和信息服务业发展规划》，指出“十三五”期间京津冀三地将共建大数据综合试验区。同年上海市政府出台了《上海市大数据发展实施意见》，上海大数据将围绕大数据“资源”“技术”“应用”“产业”“安全”等五要素联动这一主线，聚焦“统筹大数据资源、深化大数据应用、发展大数据产业、夯实大数据设施、加强数据安全防护”等主要方面，重点实施“五大任务、十大工程”。广州市也于 2016 年出台《广州市政府信息共享管理规定实施细则》，通过推进跨部门业务协同和政务服务流程优化，初步形成了政府部门依职能统一采集、共享、使用的信息共享机制。

目前，新兴的互联网企业正与政府合作，借助大数据与信息化技术，进一步提升政府的治理能力。走在互联网技术创新前沿的 BAT（百度、阿里巴巴、腾讯）等大型互联网企业的发展战略立足于资源再创新，推动政务服务便利化。腾讯与广东省政府达成基于大数据的政务服务体系建设目标，支持广东省网上办事大厅和政务云平台建设，在广东各地市全面部署微信“城市服务”网络，为交通、公安、民政、住房城乡建设等政府部门提供业务整合、在线办理云平台、大数据支撑等服务。龙信数据与相关部门联合组成“企业发展与宏观经济发展关系分析”课题组，汇总政府数据，并与数据挖掘、电话抽样、焦点组访谈等多种方法结合，取得一般量化统计难以完成的数据结论——国内商事制度改革不仅让市场主体数量增加，更让产业结构持续优化。

在城乡规划领域，以电子政务、数据政务为基础，正利用大数据技术推动建立国家地理信息公共服务平台、规划管理信息系统、规划一张图管理系统，以及智慧城市与数字城市。

2009 年李克强总理在参观全国地理信息应用成果及地图展览会时强调，加强基础地理信息系统建设，加快形成数字中国地理空间框架，加快开发利用地理信息服务经济社会发展。2010 年国家测绘局提出“加快数字中国建设，搭建公共服务平台，推动地理信息产业发展”，并建立了我国国家地理信息公共服务平台。“公共服务平台”由 1 个主节点、31 个分节点和 333 个信息基地组成，并建构了“天地图”的网上信息共享平台，实现了为政府宏观决策、国家应急管理、社会公益服务提供在线地理信息服务，全面提升信息化条件下国家地理信息公共服务能力和水平。

全国各地均相继建立起了规划管理信息系统。规划管理信息系统是集业务流程、应用系统、信息资源整合与服务、网络设施及其安全体系一体化的综合信息体系，能够给规划审批和规划管理工作提供强有力的支撑，进一步推进机关作风建设，减少规划办公成本，提高规划行政效能。根据各地城市规划管理信息系统的功能应用水平，大致可以把它们分为三种模式：①事务型系统（Office Automation System, OAS），主要是单个部门以发放“一书两证”及相关业务数据处理为主要内容的规划文档管理、通信处理和工作流程管理为基础的文档办公自动化系统 , 如青岛、湛江、荆州等；②管理型系统（Management Information System, MIS），主要是以电子地图（栅格）作背景数据库和相关专业数据库为支撑环境的，由若干个规划管理信息子系统组成的管理系统 , 如济南、十堰、镇江等；③管理型系统（OAS+GIS），主要是以基于地理信息系统（Geographic Information System，GIS）的综合数据库为支撑环境的，既能处理、管理空间图形数据，又能处理和管理业务方面的文本数据，实现规划信息管理图、文、表一体化、办公无纸化的系统。

在规划管理信息系统中，“规划一张图管理系统”是重要的组成部分。规划一张图管理系统是指，以规划一张图信息库（Computer Aided Design, CAD 平台）为中心，采用统一的 AutoCAD 和 GIS 图形平台，通过设置统一的编制设计标准和入库规范，使编制设计过程、成果审核、入库更新、信息管理以及查询分析应用、成果发布公示相互衔接，整个系统以后还可以与规划局业务审批系统集成，实现项目的带图办公和项目审批方案的更新入库，整个系统还可以通过数据交换接口，实现向数字城市基础信息库提供最新的图形和属性数据，满足整个城市基础地理信息的及时更新和共享需求。规划一张图管理系统可快速完成城镇体系规划、城市总体规划、专项规划、分区规划、控制性详细规划、修建性详细规划、城市设计等规划资料的存档和管理，以电子化手段保存所有文档，使其更安全、易于调阅和统计。

此外，智慧城市与数字城市的建设也是以大数据技术为核心技术支撑。智慧城市的建设在国内外许多地区已经展开，并取得了一系列成果，如国内的智慧上海、智慧双流，国外的新加坡“智慧国计划”、韩国“U-City计划”等。2014年，中共中央、国务院印发了《国家新型城镇化规划（2014—2020年）》，明确强调将智慧城市作为提高城市可持续发展能力的重要手段和途径，而后全国各地均进行了智慧城市建设的试点工作。2016年中国智慧城市发展年会在北京召开，大会发布了2016年中国智慧城市发展水平评估报告，并且公布了2016年中国智慧城市建设50强榜单，深圳、上海、杭州和北京位列四强。

“数字城市”（digital city）是以计算机技术、多媒体技术和大规模存储技术为基础，以宽带网络为纽带，运用遥感、全球定位系统、地理信息系统、遥测、仿真—虚拟等技术，对城市进行多分辨率、多尺度、多时空和多种类的三维描述，即利用信息技术手段把城市的过去、现状和未来的全部内容在网络上进行数字化虚拟实现。目前，国内很多数字城市的建设都取得了显著成效，如上海市建成了“五既五又”（既有线划数据，又有影像数据；既有地上数据，又有地下数据；既有二维数据，又有三维数据库；既有现状数据，又有历史数据；既有基础数据，又有专题数据）的“八大地理信息数据库”，构建了上海市地理信息公共服务平台，使上海在地理空间信息资源的完备性、更新的保障性、技术的创新性、应用的广泛性位于全国前列。

综上所述，随着移动互联技术的发展和智慧城市建设的不断推进，在政府电子政务、数据政务的基础上，目前在城乡规划领域，借助大数据技术而建立国家地理信息公共服务平台、规划管理信息系统和规划一张图管理系统，将进一步有利于智慧城市与数字城市的建设，一方面进一步利用城乡开放管理数据进行学科研究，提升大数据背景下的学科研究内涵；另一方面是将定量的学科研究应用于政策走向、决策支撑、精准治理和多方协作，促进政府借助大数据技术的城乡规划管理。

1.3 消费行为与商业空间变革

云计算、物联网、社交网络等新兴服务对消费者行为模式产生了巨大影响，而传统商业行为下的城市商业空间也在网络信息时代背景下发生了巨大的改变。伴随着以网络购物、社交网络、基于位置的服务（Locataion Based Service，LBS）为代表的一系列电子商务的不断发展，城市居民的消费结构、消费心理、消费形态以及出行行为发生了巨大的变化，导致了城市商业空间也随之改变。

城市商业空间作为城市居民消费活动的集中场所，是地理学、经济学等学科关注的一个重要领域。商业空间的合理化布局对发展城市经济、合理配置流通资源、满足居民消费需求发挥着重要作用。城市中的商业空间分布、规模程度、服务能级，集中体现了一个城市的现代服务水平与和谐发展程度。在网络信息化的时代背景下，城市商业空间作为城市发展的内生动力，正呈现出单中心变多中心、分散性变集中性、小体量变大规模的特征规律，以致城市商业空间的形态越来越复杂。随着城市商业水平的提升，需要保证当前和长远发展规划的动态性、协调性。城市管理者、商业设施建设者要从城市建设、管理的角度出发，考虑商业设施布局的均衡性、商业规模的适度性；又要立足于百姓民生的需求，考虑商业空间的可达性、商业业态的适宜性等问题。

就商业空间布局规划而言，现有的规划路径和方法存在着局限性，无法科学、合理地在规划层面解决上述问题。原因一在于，现有的规划多采用传统的中心地理论的统计方法，以人口为主要依据进行配比计算，以城市为基本尺度进行统筹安排，没有形成一套客观的、可量化的规划路径；原因二在于，现有规划研究体系较为封闭，不能准确地确定居民的行动习惯、行为习惯、心理感受等个性化的特征，无法客观反映城市经济的开放性和消费者流动性的发展；对消费者的多样化考虑不足，无法体现出从居民个性需求出发的合理性。以商业空间可达性为例，商业街区不同类型空间的可达性是影响商业空间形态的重要因素，同时区域性交通路网是城市空间结构中经济活动的基础。在探讨商业空间形态时，有必要分析城市整体和局部不同类型空间的可达性。此外，商业街区的空间认知也是吸引人流的因子之一，决定着空间建构的优劣，是设计中需要分析的重要因素。

综上，理论界现阶段对网络信息化时代背景下的商业空间布局研究仍不充分，如何有机地将时代背景、经济模式、消费者行为等相关部分有机联系是重要的学科议题。因此，讨论大数据背景下如何对城市商业空间布局进行精细化调整与提升，寻求城乡规划学科研究的变革途径显得尤为必要。

1.4 传统理论面临时代挑战

20 世纪 80 年代以来，新经济与全球化通过其知识性、虚拟性、网络性、信息化、全球性等深刻地影响着城市的发展与变化，城市作为全球经济的主要中心和节点，经济转型、空间重组、网络重构、功能提升成为发展的重要特征，城市发生了“质变”。同时，城市空间不仅被当作一套物质化的“空间实践”来研究，还被称为一种思想性和观念性的领域，是“思维性图示”，在城市地理研究中，城市空间既是真实的又是想象化的，既是事实又很实际，既是结构化个体又是集体的经验与动机。由于“城市空间”实体的“革命性”的变化，以及城市对空间认识的变化，城市新兴的研究理论不断兴起，传统研究理论面临时代的挑战。

传统商业空间研究中，国外以商业地理学研究为主，其中以营销地理学和零售地理学尤为突出。坚实的理论和方法论基础，如中心地理论、普通相互作用理论、重力模型、地租理论、行为理论、零售制度变化的理论、熵最大值模型、购物行为随机模型、动态选择模型、赫夫的消费者决策概念模式、卡托那循环模型和霍华特循环模型等经典成果，为许多实证研究提供了理论和方法支持。同时，计量革命也对商业地理研究产生了深远影响。西方研究涉及零售业、市场区与市场贸易、商业中心、批发业、大尺度商业活动、消费行为和商业地域空间等方面。此外，部分学者还从社会经济属性的角度来理解商业空间结构的发展，这类研究综合考虑了商业对象的空间特征与属性特征。例如，Davies（1977）将与商业相关的社会经济属性纳入购物中心层次结构的形成与发展过程，提出购物中心层次性系统发展模型；Potter（1982）完全从消费者的知觉和行为的角度来探讨商业区位的分布问题。

然而，此类研究到 20 世纪末受到来自后现代城市主义学者的挑战，以洛杉矶学派为代表的研究者们认为，城市需要关注包括全球—本土关联、社会极化、再地域化 (reterritorialization) 等问题，特别是再地域化和破碎化过程是对芝加哥学派的直接批判。1979 年 Jean-Francois Loytard 出版《后现代状况——关于知识的报告》后，掀起对后现代争论的高潮化转向。Markusen(2008) 认为创意产业这一概念问题很多，却赞同从文化的角度定义与研究文化产业。美国地理学家 Scott 是这一领域代表学者，Scott(2008) 参与讨论“文化经济”或“文化创意产业”新概念时，提出了“认知 - 文化资本主义 (cognitive-cultural capitalism)”，强调当前和未来资本；1990 年 David Harvey 的 *The Condition of Postmodernity* 出版，把后现代的城市研究推进到了一个新的高度，推广了后现代性的意义，而 Michael J. Dear 的 *The Postmodern Urban Condition* 则直接研究当今的城市及城市地区，对后现代主义城市有重要的论述。目前，关于后现代主义城市的争论仍在进行之中。以 Dear 为代表的洛杉矶学派认为芝加哥模式已过时，在后福特主义生产方式下，城市呈现多中心，碎形城市、表征性城市，出现了以洛杉矶为代表的后现代城市，由此形成了一种后现代的城市模式。Saskia Sassen 认为洛杉矶模式揭示了新经济城市过程与模式，但模式与特殊地区相关。Robert Sampson 赞同 Dear 的比较研究，但认为洛杉矶模式过于局限以及简单化，强调大范围城市现象的空间依赖。Richard Greene 从就业方面比较洛杉矶和芝加哥的就业出现两地有相似也有不同，但城市中心仍是美国大都市就业中心，而非边缘城市。Clark 认为 Dear 批评的是旧芝加哥学派，新芝加哥学派也强调文化与政治因素。Richard Shcarmur 认为后现代主义地理影响较大，但反对将洛杉矶作为一个城市范式。目前，这一场争论还没有结束，但与后现代主义城市地理相关的其他方面如城市文化地理、城市消费地理研究正逐步走向深入。有关城市是否仍然是结构化的问题，以及基于结构化的一系列经典模型是否合理也引起争论。

因此，利用现代信息技术对传统城市商业空间模型的验证具有重要的理论意义。现阶段，数字技术与网络技术已经深入城市生活中，现代城市规划建设与管理也已经发生历史性的变革，空间大数据的高效共享与操作，实现了空间数据资源的共建共享。然而，数据库中所隐藏的丰富资源远远没有得到充分的挖掘和利用，数据库的爆炸式增长与人们对数据库处理和理解的困难形成了强烈的反差。面对日益增长的空间数据，应进行深入开发利用城市泛在空间的信息资源，从中提取隐含的知识空间关系和特征，发现人们未知的各种空间规律和趋势，在共享集成之后将信息内容由基本的地理现象分布转移到深层次的空间特征规律信息挖掘，从而进一步提升其商业服务附加值，为城市商业发展与布局提供高层次的智能化信息服务。大数据的分析挖掘对城市商业空间的形成和发展提供了比较科学合理的预见和参考。

商业空间布局优化研究的关键问题：数据、方法、视角

大数据时代背景下，业界及学界基于大数据的城市商业空间布局优化研究，重点关注于数据运用类型、定量分析方法和城市商业空间研究内容，本章将以综述的方式重点针对上述三个方面的研究现状及发展趋势展开论述，从中提取出商业空间布局优化的关键问题。

2.1 城市商业空间研究可利用的数据类型

数据收集一直以来在城市规划研究中占据着十分重要的位置，但传统数据收集方式（如实地调研、问卷、统计资料等）存在样本数小、主观性强、成本高、周期长等缺陷。大数据的出现和数据获取与分析技术的发展，为城市规划应对旧问题、迎接新挑战带来了新的机遇。特别是在对城市商业空间布局优化的研究中，数据获取渠道的增多和数据分析方式的进步，推动了城市规划领域对商业空间在规划编制技术与方法思路方面的革新。

2.1.1 客观理解大数据

1. 大数据的定义

对于“大数据”一词，学术界尚未有明确统一的定义。大数据本身是一个比较抽象的概念，单从字面来看，它表示数据规模的庞大。但是仅仅数量上的庞大显然无法看出大数据这一概念和以往的“海量数据（massive data）”“超大规模数据（very large data）”等概念之间有何区别。有学者从技术角度给大数据进行定义描述：大数据是一种极为巨大复杂的数据形式，传统的数据处理应用或管理方法无法应用在大数据上 [1]。维基百科对大数据的定义则简单明了：大数据是指利用常用软件工具捕获、管理和处理数据所耗时间超过可容忍时间的数据集。麦肯锡全球研究所（McKinsey Global Institute）认为大数据的数量级会随着时间推移或技术进步而变化，基于不同的应用领域大数据的指向也会各不相同 [2]。Michael Batty 引用的定义之一是“大数据就是任何不放在一张 Excel 表格中的数据” [3]。因此，有学者认为可将大数据视为一种新的数据综合形式，并且由于信息技术进展而拥有不断上升的巨大总量，其主要研究目的是通过新技术从中获取以前“小”数据时代无法获得的价值 [4]。总体而言，国内外学者对于大数据尚未有一个公认的定义，不同的定义基本是从大数据的特征出发，通过这些特征的阐述和归纳试图给出其定义。

2. 大数据的特征

对于大数据的特征，早期有学者提出了较为权威的大数据“3V”特征，即认为大数据需满足 3 个特点：规模海量（Volume）、数据流转快速（Velocity）、数据种类繁多（Variety）。国际数据公司（International Data Corporation）在“3V”的基础上加入价值（Value），将这一提法总结为“4V”，认为大数据的意义在于从中提取价值，并且大数据的价值往往呈现出稀疏性的特点[5]。而之后，IBM 又对大数据的特征增加了真实性（Veracity）维度，认为大数据具有“5V”特征，即处理的结果要保证一定的准确性。

此外，大数据时代的思维变革也在悄然发生，迈尔·舍恩伯格等人认为这些变革主要体现在 3 个方面：① 不是随机样本，而是全体数据；② 不是精确性，而是混杂性；③ 不是因果关系，而是相关关系[6]。首先，抽样分析是信息收集手段不完善时代的产物，通过传统方式获取的规划数据[7]，如居民出行问卷调查等，采用小样本抽样方式，统计结果具有偏向性，“以偏概全”而导致不能反映出总体的真实情况。其次，要效率而非绝对准确，要允许一点点的错误和不完美，需要发挥不同数据各自的优势。如视频、红外等技术，能够较好地识别设备范围内的单个个体，但较难持续跟踪分析人口的连续活动特征，而利用手机定位数据能够在中观、宏观层面上得到相对可靠的人口空间分布与活动特征；但当空间识别单元特别微观时，会存在无法分辨的问题。最后，注重对大量不同类型数据进行统计性分析归纳，进行关联性及相关性分析，挖掘事物相互间的耦合关系。

思维变革为传统城市规划编制所用到的分析技术带来了新的启示，即利用更多元的数据渠道和更丰富的数据类型，从更全局的视角来认知城市中的要素及要素间的关系，进而为规划编制服务。总体而言，在大数据时代，城市规划编制将迎来技术和流程的革新以及参与主体及平台的拓展。

传统城市规划编制存在描述性数据不足、关键数据缺乏及数据分析重复工作量大等问题。一方面，在大数据时代，数据供给渠道的增多和数据分析技术的进步，将为规划人员更客观地认知城市现状、分析城市问题和梳理城市发展过程提供质量更高的数据，曾经运用小样本数据无法分析透彻的城市问题在全局数据的格局下，将更清晰地得以呈现；另一方面，以大数据为基础的规划支持技术将通过系统化的数据管理和集成应用，极大地减少规划人员的重复工作量，为其节省出时间以开展创造性的工作。总体来看，数据获取和分析技术的进步将加强规划编制的前期分析，保证规划方案的基础数据更加客观、全面和深入；同时，为动态评估规划方案的实施情况、调控城市空间的发展提供参考的依据。在我国城市规划更多地从增量规划向存量管理转变的过程中，相关技术将起到重要作用。

面向城市规划编制的数据类型可以按照数据的获取方式分为两类：一类是传统的数据获取方式，包括调查统计和遥感测绘，得到关于城市经济、社会、人口和空间等相关的数据；另一类是新兴的数据获取方式，包括互联网和智慧设施，得到更多由主体提供的各类开放数据和城市运行设施的数据。大数据的时代背景下，具有 5V 特征的城市大数据样本使得对城市商业空间的研究更为精细化、准确化和科学化。

2.1.2 面向城市商业空间的数据类型

城市商业空间的研究，利用微博、社交网络、基于位置的服务（Location Based Service, LBS）为代表的一系列新型信息类型，针对城市商业空间的布局、结构等相关问题进行了深入分析。不同于传统的数据库系统主要面向结构化数据的存储和处理，现实世界中的大数据具有各种不同的格式和形态，据统计，现实世界中80%以上的数据都是文本和媒体等非结构化数据；同时，大数据还具有很多不同的计算特征。大数据的类型和计算特征可以从多个角度进行分类。例如，从数据结构特征角度看，大数据可分为结构化与非结构化、半结构化数据；从数据获取处理方式看，大数据可分为批处理与流式计算方式；从数据处理类型看，大数据处理可分为传统的查询分析计算和复杂数据挖掘计算；从大数据处理响应性能看，大数据处理可分为实时、准实时与非实时计算，或者是联机计算与线下计算。从数据关系角度看，大数据可分为简单关系数据（如web日志）和复杂关系数据（如社会网络等具有复杂数据关系的图计算）等。

在面向城市商业空间的研究中，对大数据的利用方式可分为两大类。

1. 以调查统计数据和遥感测绘数据为主的分析基础数据

（1）调查统计数据

调查统计数据是指通过相关机构的统计调查或规划编制人员的现场调查所获得的，用来描述和反映城市发展历史或现实状况的各类数据。其主要分为两类：①相关机构的统计调查数据由城市政府的各职能部门提供，是对城市经济、社会、人口和土地等情况的总体描述，为规划编制提供数据支撑，如由统计部门提供的统计年鉴、公安机关提供的城市人口数据、土地管理部门提供的各类用地使用情况数据和交通部门提供的各类居民出行调查数据等。②规划人员通过现场调查所获得的数据，是相关从业者在走访过程中，通过直观认知、做笔记和拍照等形式，比对专业人员的已有经验，获得的反映城市发展问题、记录城市特征的一些数据。

（2）遥感测绘数据

遥感测绘数据是指通过遥感影像解译和测绘等技术手段获取的，反映城市区域的自然地理要素、地表人工设施等相关空间位置信息的数据。测绘数据主要是利用“3S”技术（全球定位系统、遥感和地理信息系统）获取的各类空间信息。总体来看，遥感测绘数据主要描述与城市发展相关的各类要素在空间中的分布情况，包括地质水文资料、遥感影像和测绘地形图等。由于此类数据侧重于反映城市的空间布局情况，因此也将各类型的规划图纸归入此类数据中。

调查统计数据和遥感测绘数据为主的基础分析数据，支持了大多数城市商业空间研究中的基础技术手段，因此单独列为一类。基础分析数据可通过与各类其他表征商业空间或其使用情况的大数据类型结合分析，进一步进行详细、准确的城市商业空间研究。

2. 表征城市商业空间的数据类型

（1）互联网数据

互联网数据是指依托互联网公开共享和广泛互联的特征，由政府、企业和公众等多元化的主体提供或在互动中生成的数据[4]。其大体可以分为三类：①政府公开数据，由政府将一部分原有的城市数据共享到互联网，供城市中的各类人群查询、分析、挖掘和使用，例如城市数据、医疗数据等；②企业或个人的开源数据，由企业或个人在开放共享原则下将大量曾经专有的程序代码或数据公开到互联网，使其成为可以被公众编辑或使用的数据，如 POI 数据、街景数据、人流及车流数据、OSM 开源地图数据；③由公众提供的数据，包括公众在网上提供的个体信息数据和个体与个体互动过程中产生的关系数据，如社交软件数据、社交网络数据等。其中，在城市商业空间的研究中，POI 数据是最常见使用的研究数据类型。

POI 数据（Point of Information）可译成“信息点”，亦被称为“导航地图信息”。每个 POI 包含四方面信息：名称、类别、经度纬度及附近的酒店饭店商铺等信息。作为一种新的空间数据源，POI 数据对于城市商业空间研究，由于其数据包含了不同业态商店的空间位置信息和商业属性信息，具有数据量丰富、现势性强的特点，有助于提高城市尺度下城市商业空间热点判别的准确性[8]。

POI 数据可根据数据来源主要分为：导航地图类 POI、点评类 POI、微博类 POI 三大类。这是由于大量互联网公司将自己的商业平台转变为开放或半开放平台，比如百度（baidu.com），大众点评网（dianping.com）、新浪微博（weibo.com）等，此外还诞生了以数据堂（datatang.com）为代表的数据共享商业平台。

这些开放或半开放 POI 数据的获取方式可分为三类：网络爬虫、编写 python 或 Java 程序脚本及调用互联网公司开放的 API 接口。其中，网络爬虫，又被称为网页蜘蛛，指的是程序员基于计算机语言编写程序或脚本，能够自动地访问互联网并将网站内容下载下来。有些网站数据由于规律性较强，也可通过成熟的爬取软件获取。对于导航类地图 POI 数据（百度地图 POI、高德地图 POI 等）和微博数据（新浪微博 POI 和签到数据）等，必须通过编程调用官方开放的 API 接口获取。

（2）移动设备数据

移动设备数据包括手机定位数据、移动 APP 数据和其他移动终端数据。在城市商业空间的研究中，手机定位数据往往被作为重要的数据研究来源，对人群使用商业空间的模拟表征量进行分析。

手机定位数据包括信令数据和话单数据，基本原理是手机信号需要定时和最近的通信基站发生联系，且通信基站是空间固定的且具有经纬度坐标。信令数据，依托运营商建立的信令监测平台，记录手机匿名 ID、事件类别、时间、基站编号等信息；话单数据，依托运营商建立的计费系统，记录手机匿名 ID、计费有关的通话、短信事件信息、发生时间、基站编号等信息。其中，匿名加密数据的内容主要包括：匿名加密手机终端 ID、信令发生时间、信令发生时服务基站等信息。数据类型包含：开机、关机、发短信、收短信、主叫、被叫、位置更新、小区切换、上网等（表 2-1）。

表 2-1 两类手机定位数据对比 [9]

数据类型	数据特点	区别
手机信令定位数据	需要移动运营商建设手机信令采集系统，采集匿名手机用户发生信令事件时的位置信息，除了收发短信、主被叫等计费数据，还包括开关机、小区切换、位置更新等数据，能较全面地反映出行者的连续出行轨迹	手机信令定位数据的定位信息更完整，话单定位数据是信令数据的子集
手机话单定位数据	依托移动运营商现有话单计费系统，获取匿名手机用户在产生计费数据时的位置信息（如收发短信、主被叫），由于话单数据类型有限，仅能记录出行轨迹的片段	手机话单定位数据获取容易，移动运营商已建有计费系统；信令定位数据获取依赖于运营商的信令采集系统条件是否具备

手机定位数据，作为一种典型的大数据，与传统数据和其他大数据相比，其突出价值在于其近似全样本性、全时性 [10]。在对于城市商业空间的研究中，手机定位数据通过数量庞大的基站连续不断地追踪手机用户的位置、状态等信息，实现了对于手机用户活动比较全面的记录。通过手机用户的空间活动和借助定位基站而附带的空间信息，对于城市商业空间的使用等复杂行为问题较为契合。王德等学者利用手机信令数据，以上海市南京东路、五角场和鞍山路三个不同等级的商业中心为例对商圈进行了合理的划分，分析比较了不同等级商业中心的消费者数量的空间分布特征，并采取一定的可视化手段和空间统计指标对三个商业中心的等级性进行了空间抽象，深入探讨了不同等级商业中心的消费者空间分布特点 [10]。丁亮、钮心毅等学者利用手机信令数据识别了上海市域内手机用户的工作地和居住地，获取了就业者的通勤数据，测度了上海中心城的就业中心体系 [11]。代鑫等学者基于手机信令数据，对上海市的人群活动和城市商业空间进行了数据收集和模型推导，总结了城市商业中心空间活力在空间和时间上的分布特征模式，并从三个维度对活力等级进行了耦合分析 [12]。

（3）业务运营数据

业务运营数据，是指公交 IC 刷卡数据、水电煤数据、业务审批数据、出租车 GPS 轨迹数据、金融数据、物流数据、超市购物数据、就医数据等。业务运营数据的获取多为非开放数据，并往往与业务运营公司合作。其中，公交 IC 刷卡数据和出租车 GPS 轨迹数据在城市商业空间的研究中，作为居民出行数据，在一定程度上反映了消费者商业消费行为，可用于对城市商业空间进行分析研究。

运用出租车 GPS 轨迹数据等业务运营数据对城市商业空间的研究，其特点在于从时间地理学方法，从微观层次的个体行为入手，汇总分析城市商业活动的时空关系，并以此反映城市商业服务所提供的时空匹配程度。在这类研究中，利用大量的业务运营数据进行分析，不仅可以体现行动主体个人属性的影响、探讨居民个体日常活动的形成机制，同时也可详细揭示在城市商业空间的研究中客观因素的制约作用。如王德等学者运用上海市第二次交通调查的相关数据，从上海市消费者购物出行角度对商业空间结构进行了分析 [13]。郭莉等学者基于深圳市出租车数据，通过分析典型片区的出租车强度的时空分布特征，总结了各类型空间功能的出租车吸引强度时间分布特征，并指出深圳市主要的商务商业活动仍显著聚集在城市核心区 [14]。周素红等通过深圳的出租车 GPS 数据识别出深圳市的商业中心，验证商业中心交通吸引以及之间的相互作用关系客观规律的存在性 [15]。梁军辉等以深圳市福田区为案例，通过海量出租车 GPS 数据的时空挖掘，在验证居民活动、出租车上下车活动与城市用地类型之间相关关系的基础上，利用 SVM 监督分类算法和粒子群优化方法得出的最优参数对出租车 GPS 数据进行了分类和准确率验证，指出出租车 GPS 数据能够实现对城市土地利用类型实时、精确的动态感知 [16]。

2.2 城市商业空间研究的定量分析方法

国外的商业空间分析发展较成熟，有完整的方法体系，主要有三大理论学派：① 20 世纪 50 年代前，以中心地理论研究为基础的新古典主义学派，以克里斯泰勒（Christaller，1933）和廖什（Losch，1940）为代表；② 20 世纪五六十年代，数量革命引导的空间分析学派，以贝里（B.J.L.Berry）为代表；③ 20 世纪六七十年代，以消费者行为认知研究为导向的行为学派，比较有代表性的有关于“智能图”和赖斯顿（Rushton）“活动空间”的研究，以及“消费者知觉、行为与零售区位模型”等 [17]。

德国地理学家克里斯泰勒提出的中心地理论是现代商业空间理论的基础，为商业空间结构研究提供了理论框架。直到现在，克氏理论仍是商业空间分析研究的主要理论之一，有着极其深远的影响。该理论提出的“层次”与“中心”概念，是后来学者在确定城市内部商业空间层次结构研究的最直接的依据和理论根源。

但是该理论也存在一定的不足，不少学者就针对这些不足从不同角度对该理论进行了改良。德国经济学家廖什（1940）在其《区位经济学》中提出“经济地景模型”，该模型认为，不同层次中心地之间存在互补性，同一层次中心地功能未必相同。这模型是一种非层次性的空间体系，主张各空间功能专业化，空间体系中的中心之间具有连续性 [18]。

以中心地理论导向的商业空间结构理论，在克氏理论的基础上逐渐发展起来，但是从其理论根源来看还存在一些不足之处：一是中心地理论完全从理性经济观点出发，不考虑消费者行为的差异，只从规模及设施功能数量出发去划分层次体系，导致了理论的局限性；二是中心地理论认为中心地的产生与存在来自周边地区对商品和服务的要求，其发展也源于服务地的发展，这种自下而上的发展方式造成了中心地理论架构的封闭性。其实中心地的发展不但受到自下而上的发展动力，而且也应受到更高层次中心地发展的需求动力，两种动力共同促使中心地空间体系发展起来。

基于大数据和规划新技术的城市商业空间规划研究，主要理论基础是二战后的空间分析学派以及消费者行为、认知取向的行为学派。本章对于商业空间的定量分析方法基于此两大学派进行详细阐述。

2.2.1 空间分析学研究方法

第二次世界大战后，地理学界经历了“数量革命”。数量革命导致复杂的计量方法在城市内部空间研究中发挥作用，同时计算机技术的发展也使建立复杂的数学模型成为可能。空间分析学派就是在这种背景下发展起来的。

1965 年，美国芝加哥大学地理系教授贝里（Berry）应用数量地理的研究方法，对芝加哥大都会区商业形态区位分布进行了实证研究，提出“都市区商业空间结构模型”。该模型将商业空间分成中心型、带状和特殊功能型三种商业区[19]。贝里模型的主要价值在于，经过对城市商业空间结构构成要素透彻的研究，提出带状和特殊功能两种商业区。这对后来学者开展城市商业空间结构的研究有着深远的意义，因此学界称贝里是将商业空间形态建立起层次结构的第一人。

贝里的研究虽然试图减少对传统中心地理论过度依赖造成的负面影响，但他的模式仍未逃脱被批判。有学者认为带状和特殊功能型商业区并非城市商业结构的独立组成部分，只能作为中心型商业区的一种变形和补充。另外，该模型主要缺陷在于以商业区的功能性质为基础，商业区的其他特点都是作为功能差异的关联而引进的，学者们认为有必要对商业区的功能关联的性质进行客观分析。英国学者波特（Potter，1981）尝试用多变量功能方程（multivariate functional ordination）来解决这一问题[20]。在波特的研究框架中，运用统计分析和图示的方法，得出商业区功能性质和他们的区位、易达性、功能性质、形态、发展规模、发展时期以及社会经济性质有着密切的关系。

空间分析学派的许多开拓性工作就是通过研究商业活动从而得到发展，研究主要集中在两个方面：一是宏观的商业规划，划分商业中心和商业空间层次结构；二是商业空间的选择，以区位选择和市场区划为主。前者对于宏观的商业圈划分主要采用的有：Relly 零售引力模型、Converse 的断裂点公式、Huff 商圈模型、Berry 的商业地域结构模型、Lashmanan 和 Hansen 的购物模型、Golledge 的锚点模式等。后者用于区位选择的主要分析方法有：经验法则、排序法、权重分析法、回归分析法和区位配置模型。其中，回归分析法和区位配置模型多与 GIS 地理信息技术结合进行研究，Nobuaki 用多元回归和模型结合方法，讨论了日常用品和高档消费品商业设施的位置模型[21]。下文将着重阐述应用较多的回归分析法、区位配置模型、空间句法和 GIS 地理信息技术四类分析方法。

1. 多元回归分析法

20 世纪 50 年代社会科学领域盛行“数量革命”，计算机的迅速发展及应用，西方零售服务业及其相关行业所获得的大量统计信息，都为多元统计分析方法和数学模型在市场区位研究开辟了一个新天地，使得学科向更理性、更缜密的方向发展。这种模型将商场的经营情况和主导因素用数学模型联系起来，这样预测者就可以对新的区位进行合理的预测。格蒂斯（Getis，1961）提出商业总零售额会随着离市中心的距离的增加而减少。李育（Y. Lee）1979 年从概率模型和最近邻统计方法入手，分析了不同类零售店之间的区位影响，认为不同类型的零售店之间存在 3 种分布类型：集聚型、独立型和回避型[22]。欧凯瑞（O'Kelly）1981 年提出多停留、多目的的购物出行过程中的零售设施需求模式[23]，该模式是建立在霍华德（Howard，1971）提出的随时间变化的马尔科夫过程（time–varying Markov procession）观点的基础上。该模型的重要贡献是对购物行为中区位和零售部门之间相互依赖的联系进行了详尽的分析，而且用随时间变化的马尔科夫过程代替简单的马尔科夫过程，使该模型更具一定的现实意义。伯格斯和蒂莫蒙斯（Borgers & Timmermans，1986）提出的消费者出行的描述性模型，是欧凯瑞模型的再发展。该模型包括目的地选择、购物路线选择和计划外停留 3 个子模型，这些模型被用来预测旧城商业区的零售设施的总需求情况。

2. 区位配置模型

“区位选择 - 消费配置模型”（Location-allocation Model，即“区位配置模型”）是在德国人阿尔弗雷德·韦伯（Alfred Weber）于 1909 年提出的韦伯区位理论上演化而来的。从广义上讲，区位配置模型是指在选择最佳商店位置的同时，将客户最合理地分配给这些被选中的位置。也就是说，区位配置模型对设施的定位和对需求的分配是同时进行的。它可以用来在同一区域同时选择数个位置，尤其适合连锁企业的商店布局。对同类商店来说，每一个需求点被分配给最近的商店。

20 世纪 60 年代以后，区位配置模型得以迅速发展。最为经典的是由韦伯区位理论延伸而来的“*P*- 中值”（*P*-median）问题，即寻找 *P* 个生产 / 供应中心，使得这些中心到消费 / 需求点（demand point）之间的总体运输成本最低，或叫最短距离问题。2012 年，美国环境系统研究所（ESRI，

Environment System Research Institute）在前人研究的基础上把区位配置模型纳入了其开发的 ArcGIS 10.1 平台，成为该平台“网络分析”模块软件（Network Analyst）。该软件（10.1 版）将区位配置模型分为最短距离（minimize impedence）、覆盖最大化（maximize coverage）、实际覆盖最大化（maximize capacitated coverage）、设施最少化（minimize facilities）、就近客户最大化（maximize attendance）、市场份额最大化（maximize market share）、目标市场份额（target market share）7 类，区位配置模型的选用依所要解决的问题而定。美国环境研究所近年推出的专业“商业分析”（Business Analyst）软件则只包括了就近客户最大化、最大市场份额、目标市场份额三种区位配置模型。

目前，区位配置模型已趋向于处理更为复杂的布局问题，并能更为精确地模拟生产者和消费者之间的商业流通行为，其模拟环境也更贴近实际。现阶段，区位配置模型既可用于（营利性的）商业设施的选点，也可应用于（非营利性的）公共服务设施在一个城市内的布局，如学校、医院、图书馆、警察局、消防站和救护车派遣站。

3. 空间句法

空间句法是主要通过对包括城市、建筑、聚落和景观在内的人居空间结构进行量化的描述来研究空间组织和人类社会之间关系的理论方法[24]。空间句法的研究起源于 20 世纪六七十年代比尔·希列尔（Bill Hiller）研究的“空间与社会”课题，他于 1984 年与同事朱莉安·汉森（Julien Hansen）合著《空间的社会逻辑》[25]。空间句法的研究首先在建筑学方面得到突破，1996 年比尔·希列尔发表的《空间是机器》诠释了建筑与城市研究逐步注重科学实证的变化过程。

空间句法作为一种分析方法，通过分析路网来解释人们如何在城市中活动；它是一种客观理性并且量化的研究方法；它还能以一种视域分析来了解公共空间的运作方式。但是，空间句法更是一种建筑理论，它起作用的原因也在于它是一种关于空间和城市的建筑性理论，因为它是从建筑师所做的分割空间并在空间中放置物体这项最基本的工作上建立起来的。空间句法是将人类行动与城市空间融合起来，使用一些变量来表示城市空间构造和城市空间形态。空间句法将现实空间抽象表示为符号空间，再使用句法模型的运算将拥有拓扑关系的图示与变量一一对应，改变城市空间定性的表示方式为定量的方式[27]。

到目前为止，“空间句法”的理论与方法从伦敦大学学院传播到 75 个国家与地区的 400 多所高校中，特别是它的研究在美国与荷兰形成相对成熟的分支团体，如亚特兰大的佐治亚理工学院约翰·皮泊尼斯（John Peponis）的研究团体、代尔夫特工业大学的斯蒂芬·瑞德（Stephen Rhett）的研究团体。大部分研究成果在两年一次的国际空间句法会议（Space Syntax Symposium）上得以交流，而且论文提交量越来越多，在 2017 年第 11 届里斯本国际空间句法会议接收到的论文已超过了 1 200 篇。

20 世纪 90 年代初，空间句法的理论与方法逐步运用到一系列的实践工程中。此后，提姆·斯通纳（Tim Stonor）通过商业运作，依托伦敦大学学院成立了空间句法有限公司，其工程项目小到建筑物空间布局、广场局部改造，大到旧城更新，甚至整个城市的空间总体规划。不少英美著名事务所也广泛采用空间句法咨询方法，包括空间句法公司长期合作伙伴诺曼·福斯特事务所，以及理查德·罗杰斯事务所、SOM、泰瑞·法雷尔事务所、古斯塔夫森·波特事务所等，英国国家健康服务产业、英国铁路、英国航空、英国电力、泰特博物馆，以及各级政府机构等也采用空间句法进行规划设计。

1985 年，赵冰教授首次翻译了“空间句法”这个词条，空间句法理论传入国内。直到 2005 年，空间句法的介绍和应用研究才在国内逐步展开。近年来国内将空间句法理论运用到建筑与城市空间中的研究有很多，主要应用领域为微观的商业建筑内部空间布局评价及宏观的商业中心区位研究，苏州、长沙、济南等城市商业中心区位研究都应用到了空间句法。

4. GIS 地理信息技术

对于商业空间的分析方法往往与 GIS 地理信息技术相结合，基于 GIS 地理信息技术的商业空间分析方法可分为点模式分析和网络分析两大类。

点模式分析作为商业空间分析方法中最为常用的分析方法，其提供了区域上点位置空间布局的定量分析过程。其中，标准差椭圆分析、核密度聚类分析是单一尺度点模式分析常用的方法，能分别从宏观上和微观上表达商业网点的空间分布特征；Ripley's *K(r)* 函数是一种基于距离的点模式分析方法，常被用于刻画不同尺度上的空间集聚现象 [28]。点模式分析是综合某几类指标分析方法，形成综合的指标评估和分析维度，对城市商业空间问题进行详细深入的分析与研究。例如，彭继增等学者对浙江省 11 个地市 2001—2008 年商业集群指数进行了区位基尼系数、绝对集中度指数、赫芬达尔指数、区位商等的测算，分析了商业集群在浙江省第三产业空间演化和经济发展中的作用，指出商业集群促进了第三产业在浙江省各市之间的演化，第三产业增加值份额与商业集群指数之间呈正相关关系 [29]。

网络分析主要是指以城市道路网络为基础，通过 GIS 技术的邻近分析、拟合分析、叠加分析、空间自相关等方法，对城市商业空间的商业业态、规模、使用评估及空间结构等问题进行研究。拉克斯麦南（Laksmanan）和汉森（W.G.Hansen）1965 年提出了社会引力模型，威尔逊（Wilson）1969 年提出了熵基模式（entropy-based model）[23]。琼斯（Jones）和西蒙斯（Simmons）将地理信息系统作为一种方法运用到市场区的研究中 [30]，他们将市场区划分成 3 种类型：空间垄断型、可介入市场型和分散市场型，并对这 3 种类型市场区的划分作了总结和归纳。空间垄断型市场是指各商店有着明确的市场区，并且相互之间不干扰且不相融；可介入市场型是指商店的市场区存在部分融合、重复的现象，有一些居民同时是两个或两个以上商店的顾客；分散市场型则是指商店具有专门、特定的消费者，它们在空间上表现为分散分布。国内叶强等学者应用拟合度因子技术对长沙城市商业网点进行了规划评估[31]。马才学研究了 GIS 技术在商业地理定位中的应用问题[32]。朱枫、宋小冬以上海浦东新区为例，通过拟合道路网密度、人口密度与大型百货零售商业的空间布局，指出了上海浦东新区商业的空间布局特征、影响因素及商业中心体系[33]。陈颖彪、千庆兰基于地理信息系统方法建立了矢量格网矩阵模型，并在此基础上构建了商业网点密度分析、商圈影响范围分析、商业空间查询分析等空间分析方法，并以北京市商业空间数据为基础进行了实际验证[34]。赖志斌和潘懋结合 GIS 技术分析了影响零售商业网点选址的人口、经济和市场竞争三个关键要素，提出了一种基于权重设置的零售商业网点选址评价模型，并将模型在深圳市罗湖区公共信息服务平台中进行了典型的应用实现[35]。

空间分析学派改变了商业空间的研究方法，与新古典学派相比，其研究特点主要有以下 3 点：一是由求异改为求同，寻求事物发展的规律性；二是由文字描述转为数据处理，运用统计学和数学分析方法去分析和说明问题；三是研究结果有预测能力。但是空间分析的抽象化使他们的工作脱离了城市发展的实际，使学者迷恋于技术和逻辑理论系统。逻辑系统与实际之间的巨大差异，使人们认为空间分析发现的关系仅在抽象逻辑上是真实的。

2.2.2 消费者行为、认知取向的行为学研究方法

1. 商业空间消费者行为理论

空间分析的主要任务是揭示空间关系的规律，而不是研究其过程。从 20 世纪 60 年代开始，消费者行为对商业空间组织的重要性逐渐为学者们所认可。行为学派认为空间学派将人地关系物化，忽视了人在塑造空间结构中的作用，行为学派强调要分析空间形式首先必须分析个人决策过程，从消费者的需求出发，考虑消费者行为差异对商业空间组织的影响。

贝里和盖瑞逊（Berry and Garrison）于 1958 年提出的三级活动理论第一次将消费者行为纳入理论架构，将消费者行为与商业空间类型结合起来作为划分商业空间类型的标准。该理论认为消费者会在商业中心产生多目的的购买行为，后来的学者受这一观点的影响，纷纷对消费者前往最近的商业中心购物的假设提出挑战，从而导致行为学派的充分发展。

从消费者行为观点去研究城市商业空间结构问题的学者首推美国的学者赖斯顿（Rushton）[36]。1971 年，赖斯顿提出行为 - 空间模型。该模型有以下观点：第一，行为与空间结构是相互依赖的，任何一个空间结构的转变都会导致空间行为的转变，同样空间行为的变化也会引起空间结构的变化；第二，行为有两种类型：消费者行为和经营者行为，两种行为形态相互影响；第三，行为是行为者利用各种知觉的可能性作出偏好性选择的方式。与中心地理论所提出的消费者行为假设不同，赖斯顿认为消费者实际生活中的

行为在任何一层次的中心地都会出现成批、多目的的形式，这一观点对后来学者的研究产生了很大影响。

格力奇（Golledge）于 1965 年将市场决策过程以动态程序来表现，并突出了认知在习惯性行为中的重要性。1967 年，他还提出了以消费者和经营者两者连续性行为变动为基础的区位选择模式。在这些初期尝试后，道斯（Dows）于 1970 年提出一个新观点，他认为商业设施有客观的物质存在和主观的意念存在两种形式，提出商业设施认知结构的程序，并从商业设施潜在顾客的角度出发来判断大量的有关属性、看法、倾向性、评估变量等因素的重要性。道斯关于商业设施认知结构的论文是在消费者空间行为研究领域被引用最多的论文之一，是该领域研究发展的一个重要标志。大卫（Davis）于 1972 年提出了“购物中心层次性系统发展模型”，主要在于探讨消费者不同的社会经济属性如何在消费者行为形态上以及购物中心商业设施的组成中产生不同的效应。大卫在该模型中将消费者行为及其社会经济属性纳入购物中心的层级结构的形成和变化中，使该模型更具真实性。

英国学者波特（Potter）于 1982 年在其著作 *The Urban Retailing System：Location, Cognition and Behavior* 中，完全从消费者的知觉和行为的角度来探讨零售区位的分布问题。他提出信息场与利用场的区别，认为无论是信息场还是利用场都是以楔状扇面的形式出现，并且以居民所在地为中心，并收敛于中心商业区利用场的范围小于信息场。他同时指出信息场的大小与消费者的社会地位、年龄和家庭规模等直接相关。

贝里（Berry）1988 年试图建构一个更真实的零售区位理论。考虑到服务地区人口的特征、消费者行为形式和服务人口的社会经济特性三方面可能产生的影响，贝里将中心地与周边地区的人口密度、收入、教育水平、职业结构等联系起来，从而造成中心地层次的改变，这也正是贝里理论最重要的贡献之所在。

行为学派对商业空间结构的研究从消费者行为方式和社会经济属性的角度来理解城市商业空间结构的形成与发展。他们认为商业空间层次结构不仅源于经济法则，还来自消费者行为及社会经济属性，这正是这些理论最大的贡献。但是他们把商业空间看成是一个自足的、封闭的空间体系，完全独立于外在空间体系之外，忽视了外在自上而下的发展动力的影响。这成为这些模型的最大局限性。

英国威尔斯大学地理系道生（Dawson）于 1980 年提出“零售地理的制度性研究架构”。他认为在零售地理的研究领域中，应致力于研究零售活动与其他经济、社会结构之间的相互关系，以及零售活动之间、零售活动与消费者之间、零售活动与其区位之间的关系，他提出的零售地理的制度性研究架构主要由组织形式（organizational form）、活动技术（activity technique）、商品（commodity）、政府政策（government policy）以及区位（location）五部分组成，这五部分相互影响，共同发展。道生将零售活动放在更宽广的领域中研究，将商业空间看成开放的系统，其发展受到诸多外在因素的影响，这是该研究架构的贡献之所在。

2. 商业空间消费者行为模型

商业空间消费者行为模型在商业空间宏观、中观、微观层面都有广泛应用。消费者行为的模型研究兴起于 20 世纪 70 年代，当时正值很多西方国家出现内城萧条问题，其主要研究关注于如何吸引人们到城市中心活动，进而恢复内城商业的活力，发现商业开发与商业空间布局、大型商业设施、交通基础设施等要素的密切关系，并提出相应政策建议。早期的消费者行为模型主要基于空间相互作用理论（spatial interaction theory），用来预测商业中心的消费者数量、消费者的购物出行路径选择等。

在该阶段，交通研究模型取得长足发展，商业研究者发现类似的模型原理也适用于研究消费者行为。20 世纪 70 年代末，随机效用理论（random utility theory）与离散选择模型（discrete choice models）的发展令交通研究方法发生革新，这种变化不久也影响到消费者行为研究。

伴随着获得个人行为数据的手段越来越可行，马尔科夫链模型（Markov Model）、离散选择模型等从 80 年代逐步取代空间相互作用模型，成为消费者行为研究的主流模型框架。随着技术的发展，运用全球定位系统（GPS）、无线电频率识别（RFID）、手机定位等媒介获得个人活动精确信息的研究已有展开，多代理人模拟技术得到进一步深化发展。

进入 21 世纪的十多年来，计算机技术和面向对象编程方法的发展把多代理人模拟技术（multi-agent simulation）带到了研究者的个人电脑上。这种技术允许研究者用计算机软件模拟复杂的、多样化的个人行为以及环境，同时通过运行大量代理人来逼真地模拟真实环境中的消费者行为，从而达到自下而上反映真实世界的效果。

2.3 城市商业空间优化研究的视角

国外学者早在 20 世纪 50 年代就开展了城市商业空间研究，随着商业区发展日趋成熟，国内学者也开始日益关注商业区空间布局优化、城市商业空间更新等课题，尤其是借助新的规划技术进行商业空间评价与优化的研究课题逐步升温。目前，国内外学术界在利用大数据对于城市商业空间的研究主要集中于三个方面：城市商业空间结构优化、商业空间的区位选择以及商业空间的评估与优化。

2.3.1 城市商业空间结构优化

1. 商业空间结构体系

自 20 世纪 80 年代中期以来，我国学者对城市商业空间结构的研究主要侧重于商业网点的规模等级空间分布，如商业中心等级确定、商业网点的结构及其布局等，并在长期的研究过程中，逐渐形成了一套研究方法体系[34]。关于城市商业空间格局的研究，主要集中在北京、上海、广州等城市。目前解释商业空间格局的理论有中心地理论和地租理论。关于商业空间等级划分的方法有聚类分析和商业服务业功能（即“类型”）划分方法等。

国内学者张珣等以北京城区内的 8 个行政区作为研究对象，选取批发和零售业、住宿和餐饮业、居民服务与其他服务业作为具体的商业类别，对比研究了 2004 年和 2008 年北京市商业网点分布与空间集聚特征[28]。崔鹏等以西安浐灞生态区为例，分析了城市新区商贸服务业发展存在的问题，有针对性地提出休闲娱乐、旅游服务、绿色生态、教育服务等空间布局优化的理念，将浐灞生态区商贸服务业划分为区级商贸中心、次级商业区和社区商业三个等级，并制订了相应的空间布局方案，提出确保新城商贸服务业的保障措施[37]。周尚意等对选择北京老城的一条南北剖线进行了实地调查和历史资料整理，以中心地理论、柔性专门化概念和中心城市演变理论来分析商业空间演替原因，并探索用“职能数”划分商业区等级，用同类店的“线密度”划分专门化商业区以分析北京老城商业空间的演替过程[38]。

在对商业空间结构的研究中，商业中心的功能结构与发育、范围与布局、规律及演变机制是城市地理学研究的经典领域之一[39]。目前，相比传统对城市中心区边界与分布模式的研究，基于 POI 数据对城市中心区的识别可大量节省实地调研的时间，且基于大样本城市地理设施点的识别使结果更加精确。当前百度 POI 数据的涵盖面广，包含了城市各类别的热点，且样本量大，对总体的概括更加精确。因此，近年来出现了以点数据为依托，基于空间相关性、局部热点分析、聚类分析等方法识别城市热点的空间实证研究。但是算法的局限性使得这类方法对局部的极值更为敏感，数据分析结果往往包含大量局部热点，并不能真实地反映中心区的辐射特点，因而不适用于区域的整体热点探测。Chainey 等于 2002 年结合核密度分析方法和标准差曲线概念测算了数据的最大值分布区，并成功探测出城市的犯罪热点区[40]。这种分析思路被用于城市 CBD 边界的确认，能成功地标记出数据中最大值的集聚区，避免了传统方法运算的局部性带来的极值对整体分析结果的影响，适用于城市极化中心区的空间定位，对边界的确认具有重要意义。吴康敏等基于百度 POI 数据，以广州市中心城区为研究区，利用核密度分析、最邻近距离分析、统计分析等方法，识别广州市的商业中心边界，并分别研究了不同类型商业中心的分布特征，总结了商业空间结构模式，并分析了商业中心的职能空间分异特征[39]。王洋等学者以广州都市区 2013 年全部类别银行的 1 637 个银行网点为基本数据，利用平均最邻近距离、核密度函数、缓冲区分析、空间模式提炼等方法，探索了广州市银行业的空间布局特征及其类别差异，总结其空间分异模式，指出广州市银行业空间不均衡性布局显著，并呈现中心集聚特征；银行业布局总体呈现由中心向外围逐渐递减的“圈层 + 扇形”空间模式；不同类型银行的空间密度模式差异显著[41]。

2. 商业空间结构影响因子

除了对商业空间结构本身的分析研究外，国内外学者还对商业空间结构与其影响因素之间的相关关系进行了分析研究。城市（或地区）的商业空间结构是由诸多因素影响下的空间体现。国外对于商业空间结构理论和相关技术分析都比较成熟。例如 Omo 运用空间数据方法探索了西班牙格拉纳达市的房价空间分布问题，研究表明城市不同区域之间的房价呈高度自相关、在空间呈放射状的分布状况[42]。万斯（Vance）通过实例研究将城市商业布局模式的因素归纳为汽车、购买力和偏好、居住模式、土地利用规划和商业经营模式等，并预测了未来城市中心商务区的发展。英国学者波特（Potter）以英国斯托克波特作为实证案例，通过对其零售商业系统的多变量分析，认为贝里的类型学在研究英国城市的零售结构模式方面是有相关性的，并考虑从规模、功能和区位等方面来研究城市零售空间；波特还从消费者的知觉和行为的角度来探讨零售区位的分布问题，并提出了信息场和利用场的区别。穆尔迪（Murdie）等从消费者文化差异的视角研究了商业空间分布等。

国内已有众多学者对商业网点（设施）和商业区形成机制（原理）以及布局结构的影响因素总结得出了相应理论体系，至今主要有三种研究方向[43]：

（1）对城市商业服务业布局及商业业态空间结构的形成机制进行剖析。如林耿、许学强以广州老八区为例，对影响广州市商业业态空间的相关产业、城市用地、交通网络以及行为和历史文化等因素进行了研究[44]。林耿把国外商业中心空间结构的研究分为两个方向，一以中心地理论的继续应用和修正处理为主导进行商业中心空间结构研究，二以城市土地利用结构、商业用地地域类型和区位结构、商业地域内部结构为三个视角，研究商业区位特征[45]。薛娟娟、朱青从商业活动载体和主体两方面深入分析了国外城市商业空间结构研究的历程，回顾了国内城市商业结构研究的进程，并进一步指出研究的薄弱之处与发展方向[46]。曹诗怡利用 GIS 空间相关分析方法，以长沙作为实证案例，明确了居住与商业空间发展具有相关性[47]。陈玮等在回顾和梳理杭州城市商业布局演变历程的基础上，重点阐述了现代城市商业布局与城市交通之间的依存关系，并探析了“地铁时代”来临对未来重构杭州城市商业布局的嬗变价值与影响力度[48]。龚宝生等总结了南通商业网点布局规划在商业中心体系建设、大型网点布局、民生型商业设施的落地、与轨道交通布局的无缝衔接、与城市山水历史文化的结合等方面的特色，为新时期经济环境下的城市商业网点布局发展提供了借鉴[49]。周锐波[50]从商业中心区等级体系和商业地域空间两方面对我国城市内部的商业空间结构进行了综合评述，利用 POI 数据的特性，建立了数据库，并考虑产业发展、城市用地、交通发展、消费者行为习惯和历史文化因素，分析了多要素相互作用下广州市商业业态空间布局，针对广州市的土地利用数量和结构以及城市扩张的方向趋势，分析了城市用地扩张和地产业的扩张与商业业态空间的关系[51]。路紫等学者选取了石家庄 7 网（www.sjz7.com）这一城市体验性团购导航网站进行数据建设，深入研究了团购网站作用下的电子商业对现实商业空间组织的影响[52]。周素红等学者以深圳为案例，通过海量浮动车（Floating Car Data, FCD）GPS 数据的时空挖掘，在识别出深圳市两个重要商业中心的基础上，分析和验证了双商业中心的交通吸引时空规律以及相互作用关系。发现城市商业中心的交通吸引存在显著的幂函数关系，验证了传统的地理空间衰减规律，并指出这种衰减规律受到一系列因素的影响而在局部发生扰动，主要扰动因素包括城市其他人流密集的主要功能区之间的相互吸引、基础设施对可达性的影响、地形地貌等城市空间布局因素和消费者行为、偏好等人文因素等[15]。

此外，还有不少学者利用 GIS 空间相关分析方法，明确了人口与商业空间发展具有相关性。通过 GIS 进行人口分布重心与商业空间重心拟合，总结城市现状人口分布与商业空间在演变中出现的空间不匹配现象，指出了城市商业空间布局的主要问题，从而更新商业网点规划，完善商业空间体系，建设独立的商业网点规划管理研究评估机制，提出了适合城市人口分布的商业网点优化配置的合理性建议。

（2）从影响某种商业业态（如零售业、餐饮业等）或商业设施类型布局（如购物中心、超级市场等）的因素进行分析[53-57]。如安成谋系统地归纳了影响城市零售商业网点布局的五种因素[58]，舒舍玉、王润等利用 SPSS 软件（统计产品与服务解决方案软件）对各因素变量进行相关分析得到了影响餐饮业空间分布的内在因素[59]。仵宗卿、柴彦威从商业需求的角度，介绍了国内外关于城市商业空间结构研究的两个方向：城市 - 区域关系的商业空间结构研究以及商业职能与城市内部其他职能相互关系的研究[60]。叶强等以商业地理学为主要理论依据，以长沙市为例，分析了大型购物中心对城市商业空间结构的影响机制[61]。研究指出大型购物中心是商业空间结构的核心组成部分，其业态结构、空间区位的集聚与扩散作用是城市商业空间规模与等级结构演变的主要动力之一，同时从宏观、中观和微观的角度提出了对策和建议。林雪松针对沈阳机械市场发展的空间布局，研究了机械市场商业空间的设计方法和策略[62]。曹玉红等学者基于都市型工业微观企业数据，探讨了工业郊区化背景下都市型工业空间分布、集聚特征以及行业间的空间邻近关系[63]。范娇娇等学者以城市 ATM 机空间分布的点数据为基础，基于 GIS 空间分析模块与空间统计模块，运用 K 函数分析方法、核密度估计法分析了城市 ATM 机空间布局特征及其形成机制，并归纳总结出其空间分布的基本模式[64]。

（3）以消费主体为视角研究购物行为对商业空间的影响。如王德以多条商业街为案例，运用问卷调查、多项分对数模型、空间句法以及步行网格等方法在微观层面上分析消费行为对微观商业空间的影响[65-68]，仵宗卿、柴彦威等于 2000 年以天津市民问卷调查的结果为基础，详细分析了天津市民购物出行的空间特征、频度特征、时间特征以及目的特征和出行方式特征[69]。唐静对运用空间句法相关软件对武汉江汉路步行街以及所属商区进行句法分析，得出步行街在规划选址方面的规律性特征与结论[70]。杨卓等学者从大众点评网（http://t.dianping.com）中采集南京市域点评数据，结合口碑度评价指标体系以及商业中心体验度评价指标体系检测了南京市各类商业设施的空间分布格局，并对商业中心的体验度进行了相关评价[71]。

2.3.2 商业空间的区位选择

商业空间的区位选择研究是指商业空间网点的选址与布局，是城市商业经营管理战略决策中的重要内容之一。地址一旦选定将会在很大程度上影响商业企业未来的规划与发展。由于传统分析与研究方法的局限性，促使现代商业的发展迫切地需要新技术的支持以适应现代商业经营方式的根本性转变。GIS 技术的应用为零售商业网点选址提供了新的思路和方法，弥补了传统研究方法的不足，为商业空间选择的研究决策提供了科学、形象和直观的数据和信息。

1. 国外商业空间选择研究

商业空间选择研究方面，西方学术界主要是从四种因素进行论述，即消费市场、空间距离、业内竞争以及地租理论。如斯科特（P. Scott）对多种商业设施进行研究，指出部分业态的布局趋势是分散大于集中，如珠宝店；但绝大部分通过竞争有利产品的标准化，接近竞争者的布局较明显，如饮食店。普劳德福特（M.J. Proudfood）是商业区位类型实证研究的启蒙者，其在 1937 年将美国的零售业空间划分为五种类型，即中心商业区、外围商业区、主要商业街、近邻商业街和孤立商店群等，其划分方法侧重于零售业活动的位置条件和特征。迈耶（Mayer）在 1942 年同样以美国的城市为对象进行了零售业空间类型划分，但他侧重于零售业活动的规模和形态的研究。贝里在前两者的研究基础上，于 1963 年以芝加哥为例，运用多变量分析法研究了零售业空间，并得出三大“商业空间结构模型”，即中心型、带状型和特殊功能型。

国外学者格蒂斯（Getis）提出，随着距市中心距离的增加，商业总零售额会逐渐减少，这同时也证实了土地地租与商业活动之间的关系。赫夫（Huff）从消费者选择和决策这一角度出发，借用概率论提出了计算商业零售范围的公式。格力奇（Golledge）提出了区位选择模式，该模式是以消费者和经营者的连续性行为变动为基础，继而得出商业设施的认知结构程序。1979 年，李育（Y. Lee）采用概率模型和最近邻统计方法，探讨了不同业态的零售空间之间的区位影响，并将其分布分为 3 种类型 : 集聚型、独立型和回避型。欧凯瑞（O'Kelly）提出了多停留、多目的的购物出行下的零售设施需求模式等。而格叙、克拉伊格等人建立了区位分配模型来分析不同零售企业之间的空间竞争和共存关系，并探讨其影响空间分散度的因素等。

2. 国内商业空间选择研究

陈姚等学者在对传统商业网点选址模型分析的基础上，通过 GIS 技术与数学模型的结合，运用 GIS 空间分析的有关知识，探讨了基于 GIS 的城市零售商业网点规划选址模型的构建，并对模型的应用前景进行了评价和展望 [72]。王士君等以长春市中心城区大型商业网点调研数据为基础，选取专业店、专卖店、大型商场、大型超市、家居建材商店、综合交易市场六种商业业态类型，运用点模式分析、有序多分类逻辑回归等研究方法，探讨了长春市大型商业网点的区位特征，发现：业态类型、土地价格、交通通达性及集聚特征是影响商业网点分布最显著的因素，同类因素对不同业态商业网点分布的影响程度差异性较大 [73]。李强等运用 GIS 空间分析和计量统计等方法，研究了长春市中心城区大型超市空间演变过程、特征和机理，认为消费者因素、企业自身因素、市场因素、城市发展因素是空间演变的内在机理 [74]。曹诗怡通过对长沙市居住与商业空间 GIS 进行拟合分析，总结了长沙市的商业空间体系与商业业态 [47]。卢珊从企业与消费者两个角度，着重分析了电子商业对于零售企业空间组织和消费者空间行为的影响及影响因素，探讨了电子商业与传统零售业之间的关系，并且研究了网上购物对不同规模零售企业和不同区位消费者所产生的影响的差异 [75]。

2.3.3 商业空间的评估与优化

国外规划评估研究开展较早，从评估的理论体系到实践操作均较为完善，针对不同的规划评估对象，定量分析方法在评估系统中占有主导地位。亚利山大 (Alexander) 等 [76] 提出“政策—计划 / 纲要—实施过程”(Policy-Plan/Programmer-Implementation Process）模型，即 PPIP 评价模型。普莱斯曼 (Pressman) 等 [77] 的评估方法建立在结果与方案的契合度上，即规划实施最终结果与最初方案的一一对应性。泰伦（Ta1en）[78, 79] 研究了美国科罗拉多地区城市规划对公共设施实际布局的影响；同年，她又阐述了以定性和定量方法对规划实施结果进行评价的过程。城市规划评估在我国开展较晚，2008 年新版城乡规划法中明确提出要定期进行规划评估，后续的实施办法中确定规划评估的年限为每 2 年一次。目前中国的规划评估研究主要集中在理论和实践方法研究两大领域，其中以理论研究为主，正在逐步向方法论体系过渡。对于商业布局规划的评价优化的研究主要可分为两个方面：一是针对某种商业业态的具体空间布局进行分析，二是针对商业空间的规模、等级体系进行分析，其中又可分为宏观层面的商业空间布局优化和微观层面的商业空间布局优化。

1. 某具体商业业态的空间布局优化

对于某种商业业态具体的空间布局优化，国内学者主要的研究商业业态包括：商业地产、商业银行、零售业态、社区商业、高校商业等几大类别。

对于商业地产的研究，李迎霞[80]以南昌市商业地产项目数据为基础，利用GIS分析软件对南昌市商业房地产项目的总量、价值和业态空间布局进行了现状分析。根据南昌市商业房地产项目空间布局的现状情况，分别从社会经济发展、居民人口、城市规划、道路交通、政策导向、历史传统和商业房地产项目参与者等几方面进行了商业房地产项目空间布局的影响因素分析，并得出南昌市商业房地产项目空间布局存在项目体量分布不均衡、空间价值差异较大、商业空间等级体系不完善、空间分布与人口分布结构性错位和项目空间布局与城市交通矛盾突出等问题。马洪波[81]从消费者角度出发对商业地产进行了研究，深入分析了消费者对商业地产总量和结构的影响，消费者与商圈的关系。

对于商业银行的研究，韩彬[82]从产业空间布局的角度出发，以商业银行这一上海重点发展的行业作为研究对象，采用多种统计指标，系统而全面地分析了其空间布局特征及其影响因素。崔璨[83]对上海市市域范围内商业银行通过运用洛伦兹曲线、相关性分析等数理方法，利用SPSS、CorelDraw、ArcGIS等多种工具，对搜集的空间数据进行了分析，归纳出促使上海市形成当前空间布局特征的成因和影响因素。贺灿飞、刘浩[84]对中国工商银行和中国银行基础网点及支行空间分布的统计分析表明，两者的两类网点的地理分布在股份制改革后均发生了较大的变化，基础网点更加接近主要客户群体，支行则更加集中在经济发展较好的地区。

对于零售业的研究，杨翔[85]利用GIS技术对延吉零售业网点进行了分析，从服务便捷性、人口、道路密度和土地价格等方面综合分析出其商业布局的影响因子，并提出了问题和优化建议。蒋海兵[86]从商业地理学的角度，对上海市中心城区的零售业态空间结构进行了分析，并根据不同零售业态属性来预测与选择合理的商业地域空间。徐晶[87]以南昌市为研究区域，选取2009年南昌市营业面积5 000m^2以上、行业类别为零售业的独立门市零售商业设施为研究对象，利用GIS技术对便捷性、人口分布、道路交通这三个影响因子进行定量分析，然后结合消费因素、南昌市城市规划与建设、商业设施功能布局等方面进行定性分析，以此来探讨南昌市大型零售商业设施的未来空间布局与发展走向，并提出了南昌市零售商业设施的空间布局构想。郑星[88]以武汉市为研究区域，选取2004年武汉市78个营业面积5 000m^2以上独立门市零售商业设施为研究对象，将社会经济因素与商业设施空间信息结合起来，分析了武汉市大型零售商业设施现状空间布局的总体特征及时空演变过程。

对于高校商业的研究，龚剑峰[89]以南昌市各高校的校园周边商业场所调查研究，对高校商业的规划布局、业态分布和构成、空间形态等进行了分析，并提出了目前高校校园周边商业场所建设中所存在的问题。程思[90]以云南昆明呈贡大学城作为研究对象，基于空间句法和城市意象研究理论对大学城商业空间进行了分析研究，对完善昆明呈贡大学城的商业空间布局系统提出了一系列的优化建议。

对于社区商业的研究，龙海波[91]从地理学、经济学和社会学的角度对上海市中心城区现代社区商业空间进行了实证研究，提出了四种现代社区商业的空间布局模式，并且针对上海现代社区商业发展中出现的空间问题，提出了建议和对策。

2. 宏观商业布局优化

宏观层面的商业布局优化包括对各个市域范围的商业网点、商业中心的等级体系、空间布局、影响因子（如人口、道路网密度）进行的研究。

叶强等基于长沙市商业网点规划和实地调查数据，从空间布局和业态结构两个方面，应用 GIS 分析方法，对发展现状与商业网点规划进行了比较研究。研究显示，规划与现状存在较大差别，商业网点规划没有充分认识城市空间结构、商业业态的发展特点和空间区位选择机制，未能有效地引导与控制商业和业态空间结构的发展及演变[31]。牟宇峰等以南京为研究区域，总结了商业发展的现状特征，研究了城市商业中心体系的演变过程，分析了影响商业中心形成与分布的因素，在此基础之上，通过圈层距离法和可达性方法，评价了南京商业中心布局的合理性，并提出了优化空间布局的方案[92]。李政[93]以天津商业体系作为实证案例，提出重新划商业体系层级，并提出了“商群”的概念来探索与社会发展相适应的商业体系与规划布局。张玥[94]提取郑州城市 1930—2020 年（规划）主要路网交通轴线，借助 Dethmap 转化为拓扑关系图进行相关变量计算，对历史维度下郑州城市轴线整合度变化，郑州城市商业中心与整合度核心相关性，大型商业网点与主要轴线相关性，商业等级与句法变量相关性进行了分析。张昊锋[95]通过聚类分析画和 GIS 技术及 Voronoi 图对郑州市商业中心等级体系划分和空间布局进行了分析。王永超等以吉林省乾安县城为例，以区域购物流模型和 GIS 热点分析工具为定量研究手段，研究了县城商业布局模式，指出县城商业布局存在 2 种基本模式，即以区域购物流强度为表征的交通—职能布局模式，以及由商业网点购物流强度的 G 统计值得出的圈层布局模式，2 种布局模式相互叠加，则圈层布局模式将产生多职能中心与交通轴向的空间变异，形成变异圈层布局模式[96]。李超[97]结合浑南新区商业空间的建设情况，从居民购物行为特征为切入点，运用 SPSS、GIS 等软件分析了新区居民购物行为同商业空间结构的内在关系，发掘出商业空间结构的不足，探索了相应的优化策略。张东升[98]对长沙五大行政区商业空间进行了因子分析，指出市商业空间布局并不均衡；对长沙大型商业进行了饱和度分析，指出大型零售商业整体已趋于饱和，一些大型商业零售企业的业态形式已经开始向社区化、小型化方向发展；对长沙各大商圈空间分布结构和顾客吸引力进行了定量计算分析，各大商圈在空间布局上呈凝聚型分布，商业经济发展并不均衡，商业组织布局开始呈现出扩散趋势，由单中心向多中心商业空间结构演化。拓星星等[99]以百度地图为研究平台，结合实地调研，总结了银川市商业空间格局的基本特征，探讨了银川市商业空间布局存在的问题，预测了商业空间布局的演变趋势，提出优化商业空间布局的建议。廖敏清[100]对长沙城市商业中心布局进行了空间句法轴线的相关性分析，研究了长沙商业空间布局的影响因子，提出了城市商业中心存在的问题，提出了解决办法和建议。侯胜强运用 ArcGIS 的空间分析法和网络分析法对南山区商业中心布局进行了评价，并针对南山区商业中心布局提出了三点优化策略：第一，通过完善商业中心等级体系、调整商业中心发展规模、遵循人口分布的选址原则和协调发展各等级商业中心四方面内容制订出合理的商业中心发展目标；第二，对不同等级商业中心进行整体优化布局；第三，通过加强商业中心与公共交通的联系和完善步行交通网络，提高商业中心的可达性[101]。

3. 微观商业布局优化

微观层面的商业布局优化，包括对某一地理位置或城镇商业步行街区的空间优化，以及具体的商业建筑的空间优化两个方面。

前者包括：莫雨婷对针对南京江宁区的城市边缘区商业中心布局，探讨了基于 GIS 商业中心选址模型的布局方法与过程[102]。许尊等选取上海新天地商业街的消费者为研究对象，从空间角度探讨了消费者的行为特征，包括人流量、停留人次、消费金额等要素的空间分布基本特征，以及商业街入口、内部活动分布的基本特征，进一步认识了消费者行为的复杂性和影响因素的多样性，并运用空间句法和相关回归法分析了新天地的空间结构对消费者行为的导向作用，探讨了特定布局变化可能对消费者行为产生的变化，为新天地的空间布局优化提供了参考[103]。农耘之对北京王府井大街进行了实证研究，在对消费者行为问卷调查的基础上，分析了消费者行为与商业空间要素的相关性，构建了消费者空间行为选择模型，再现了消费者的个体和集合流动，应用模型预测了规划方案的人流情况，为规划方案的改进、决策提供了依据[104]。韦金妮针对不同步行商业街区的空间布局特征进行了模式化的归并和总结[105]，通过步行商业街区空间布局模式的构成要素——外部开放空间和建筑实体空间，对所调研的步行商业街区案例展开研究，运用计算机辅助分析与人流跟踪调查对案例空间布局特征进行了评价，从而把握步行商业街区复杂空间形态下的内在空间布局规律，进行模式总结。

后者包括：王维通过图解方法，利用计算机图形学算法和几何学算法的组合，生成维诺多边形算法、元球算法和四叉树算法这三种系列算法图解的方法，分别用以分析和检验商业建筑空间中的店铺均好性、交通空间服务能力和商业空间的体验，通过对实际案例的分析，算法图解商业建筑空间的方法，重新组织和调整商业建筑的空间 [106]。范宏涛对山地大型商业建筑的影响因子和可达性问题进行了综合分析研究，并从人的行为和消费模式角度考虑，解决了山地商业体设计中交通组织方式、商业可达性和商业效率等问题 [107]。靳树春以商业建筑“内街空间”作为主要研究对象，指出商业建筑“内街空间”与城市的联系和本身的功能要求，并深入建筑空间设计本身，涉及建筑的空间形态、具体的界面设计、空间尺度、物理环境设计等方面，为商业建筑“内街空间”的具体空间设计提供了优化建议 [108]。庄宇、姚以倩以上海徐家汇与五角场两个城市副中心地铁站域为调查对象，对其步行路径人流分布、商业空间使用人流量等方面开展调查，以数据分析及可视化为手段，尝试量化区域内的商业空间业态组成和分布情况，记录商业空间的使用绩效并分析相关影响因子，对影响地铁商圈商业空间使用的步行路径布局提出了建议 [109]。

2.4 商业空间布局优化的关键问题

根据文献综述和资料调研，业界及学界对于城市商业空间布局优化的研究重点关注三大方面，可归纳为：数据、定量方法和研究视角。数据，关键问题在于保证研究保证数据客观性、全面性、海量化；定量方法，关键问题在于使规划理论与空间分析方法相结合；研究视角，关键问题在于不同研究视角须匹配相适宜的研究数据。

2.4.1 数据获取：保证数据客观性、全面性、海量化

大数据在城市商业空间布局优化研究中的优势在于其数据的海量规模，及其数据的全面性、真实性与客观性，这使得对城市商业空间研究更为全面化、准确化与科学化。因而，基于大数据的商业空间优化研究，其第一关键问题就是如何保证研究数据的数量与质量。

大数据作为一种巨大复杂的数据形式，其“5V”特征，即规模海量（Volume）、数据流转快速（Velocity）、数据种类繁多（Variety）、价值（Value）以及真实性（Veracity），引领了大数据时代的思维变革。具体而言，思维变革主要体现在 3 个方面：全体数据取代了随机样本，数据的混杂性取代了数据的精确性，以及相关关系取代了因果关系。这样的时代性的思维变革也进一步投射至城市商业空间的研究中。

目前，面向城市商业空间的研究，根据对大数据的利用方式可分为两大类：一大类是以调查统计数据和遥感测绘数据为主的分析基础数据；另一类则是表征城市商业空间的数据类型，主要可分为：以 POI 数据为代表的互联网数据、移动设备数据和业务运营数据三类。其中，以 POI 数据为代表的互联网数据可通过网络爬虫、编写程序脚本、调用开放的 API 接口三

种方式获取，移动设备数据和业务运营数据，如浮动车 GPS 数据与手机信令数据可通过采集互联网公开数据、与业务运营公司合作等方式获取。然而，在获取表征城市商业空间数据的过程中，由于受限于互联网数据的开放性、合作的业务运营公司与数据平台的局限性，可能导致获取的研究数据或数据规模小或具有一定的偏向性，不能反映总体的真实情况。而传统数据收集方式，如实地调研、问卷、统计资料等，又存在样本数小、主观性强、不能全面反映现实情况等缺陷。因而，缺失了全面性、具有“偏向性”的大数据作为城市商业研究基础也同样具有传统数据在城市商业空间上的缺陷。因此，为了使得大数据在商业空间研究保持其优势，使得研究更为全面化、准确化与科学化，必须保证其数据的海量规模及数据的全面性。

其次，除了在数据规模方面保证其规模海量、数据流转快速、数据种类繁多的特征外，还应当尽可能地保证其价值以及真实性的特征，即研究数据基础的真实性与客观性。尽管由于大数据的海量数据规模，使得其数据具有混杂性的特征，因而无需对研究数据要求绝对准确，但必须在一定程度上获取可靠、真实、客观的统计数据，保证作为研究基础的研究数据能够进行关联性与相关性分析，反映真实的商业空间布局情况。

因而，在基于大数据的商业空间优化研究中，首先应当保证研究数据的全面性，保证其能够反映总体真实情况，并在此基础上，进一步落实研究数据的客观性与真实性。

2.4.2 定量方法：规划理论与空间分析方法的结合

城市商业空间布局优化的研究必须是以城市规划理论为研究基础的，然而，在基于大数据的城市商业空间布局研究中，如何运用大数据进行定量分析使得城市规划理论与空间定量分析方法紧密结合，是研究中的第二个关键。

目前，基于大数据的城市商业空间规划研究，主要定量分析方法分为两大学派：二战后的空间分析学派和消费者行为、认知取向的行为学派。其中，空间分析学派应用较为普遍的四大分析方法为：回归分析法、区位配置模型、空间句法和 GIS 地理信息技术。而以消费者行为认知研究为导向的行为学派，比较有代表性的有关于“智能图”和赖斯顿“活动空间”的研究以及“消费者知觉、行为与零售区位模型”等。

尽管两大学派的规划理论基础、分析方法、数据模型均不同，但都将规划理论与空间分析方法进行了有机结合。以空间分析学派为例，其规划理论基础即为城市商业空间结构理论，而其定量分析工具大多为地理信息分析工具，即空间统计学的分析工具方法，如多元回归分析法、点模式分析、网络分析等。然而通常情况下，城市商业中心空间结构、商业空间区位选择理论、商业市场区划理论等规划理论模型，与具体的空间分析方法之间并无一一对应关系。同样，对于行为学派而言，以商业空间的消费者行为理论为基础，结合了定量的行为学模型、多代理人模拟技术等分析方法，逼真地模拟真实环境中的消费者行为，反映城市商业空间的真实使用情况。因而，仅依靠空间分析方法而缺乏规划理论基础的商业空间研究无法挖掘现实的商业空间布局规律，不具有理论意义；仅依靠规划理论基础而缺乏空间分析方法的商业空间研究没有实际数据支撑，不具有现实意义。因此，将规划理论与具体的空间分析技术相结合，才是基于大数据的商业空间研究的关键。

如何通过合理的空间分析方法验证商业空间的规划理论，使得空间分析方法不仅仅是作为一种定量分析工具，更具有理论意义、对实际的规划实践工作具有指导性的研究意义，问题难点在于大数据的数据本身并不具有因果关系，各类型的海量数据之间所呈现的是相关关系，因而需要通过传统的规划理论研究、经验总结分析、选择适宜的定量分析工具和空间分析方法，使规划理论与空间分析方法有效结合，使城市商业空间布局的定量分析研究具有理论意义或是实践指导意义。

因此，解决规划理论和空间分析方法结合的问题，必须从商业空间布局的理论研究路径着手，从规划理论出发，借助适宜的定量分析工具以及空间分析方法，发挥大数据的数据优势，对城市商业空间布局进行更好的理论验证与实践指导研究。

2.4.3 研究视角：研究视角与数据类型的匹配

基于大数据的城市商业空间布局优化研究的第三个关键问题，在于对不同的研究视角要有与之对应的数据类型。城市商业空间的研究内容多样，研究内涵丰富，因而也具有多类型多维度的研究视角，针对不同的研究视角如何选择适宜、匹配的研究数据类型是研究的关键。

目前，国内外学术界在利用大数据对城市商业空间进行研究的视角主要集中于三个方面：商业空间结构分析、商业空间的区位选择，以及商业空间的布局优化。对于商业空间结构的分析在宏观层面，目前应用的数据类型包括各类 POI 数据、各类商业设施网点、浮动车 GPS 数据、手机信令数据等反映城市商业空间结构，并将上述数据与城市人口分布、居住用地等数据相对比，分析城市商业空间结构的影响因子；对于商业空间的区位选择的研究在中观层面，主要应用的数据类型为商业设施网点、手机信令数据，以通过商业业态类型、土地价格、交通通达性、消费者商业空间行为等多分析维度，以研究不同商业设施的区位选择规律；对于某种商业业态的空间布局优化的研究，采用特定某类商业业态网点的空间分布数据，对于微观商业布局优化，采用手机信令数据、特定区域的实时人流量以反映停留次数、停留时间、停留位置等微观信息。对于在微观层面的商业空间布局研究而言，浮动车 GPS 数据显然是不适宜的，因为其无法反映微观层面上局部商业空间的使用状况；对于在宏观层面的商业空间结构研究而言，某个地铁站点的实时人流量也无法反映总体的商业空间结构。

综上所述，对于不同的城市商业空间研究视角，对应于不同的研究尺度规模，所采取的数据类型是不同的。具体而言，在商业空间结构分析与商业空间区位选择的研究主要集中在宏观、中观层面，要求数据覆盖的空间范围大，因而 POI 数据、浮动车 GPS 数据和手机信令数据比较适宜。而针对微观层面的商业业态布局研究，因为要涉及消费者空间行为习惯，要求数据在空间上精度高并具有实时动态性，能够快速、全面地反映消费者的空间行为，POI 数据、浮动车 GPS 数据在此处就不适宜，而手机信令则比较适宜应用于该研究视角。总的来说，对于不同的研究视角，依据研究所需要的、具体的数据规模、精度特征来选择适宜的数据类型。

因此，选取合适的数据类型进行不同层面的商业空间优化研究是一个重要的任务。其难点在于，一方面对于类型多样的大数据，需要深刻理解不同的数据类型所具备的不同特征，另一方面对于研究视角需要有清晰的认识，其研究过程中所需要的数据应具备怎样的特征。只有结合了数据类型与研究视角两方面的深刻认知理解，才能够针对不同的研究视角选取适宜的研究数据类型。

本章参考文献

[1]CHEN M M S, LIU Y. Big Data: A Survey[J]. Mobile Networks and Applications, 2014. 19(2): 171-209.
[2]MANYIKA J C M, BROWN B. McKinsey Global Institute, 2011.
[3]M B. Big Data, Smart Cities and City Planning[J]. Dialogues in Human Geography, 2013. 3(3): 274-279.
[4] 王鹏，袁晓辉，李苗裔 . 面向城市规划编制的大数据类型及应用方式研究 [J]. 规划师，2014(08): 25-31.
[5]GANTZ J R D. The Digital Universe in 2020: Big Data, Bigger Digital Shadows, and Biggest Growth in the Far East[J]. IDC iView: IDC Analyze the Future, 2012.
[6] 维克托·迈尔·舍恩伯格，肯尼思·库克耶 . 大数据时代：生活、工作与思维的大变革 [M]. 杭州：浙江人民出版社，2013.
[7] 张威 . GSM 网络优化——原理与工程 [M]. 北京：人民邮电出版社，2003.
[8] 陈蔚珊，柳林，梁育填 . 基于 POI 数据的广州零售商业中心热点识别与业态集聚特征分析 [J]. 地理研究，2016(04): 703-716.
[9] 冉斌 . 手机数据在交通调查和交通规划中的应用 [J]. 城市交通，2013(01): 72-8，32.
[10] 王德，王灿，谢栋灿，等 . 基于手机信令数据的上海市不同等级商业中心商圈的比较——以南京东路、五角场、鞍山路为例 [J]. 城市规划学刊，2015(03): 50-60.
[11] 丁亮，钮心毅，宋小冬 . 上海中心城就业中心体系测度——基于手机信令数据的研究 [J]. 地理学报，2016(03): 484-499.
[12] 代鑫，杨俊宴，吴浩 . 基于手机信令数据的城市商业中心空间活力研究——以上海为例 [c]// 2016 中国城市规划年会论文集，中国辽宁沈阳 .
[13] 王德，张晋庆 . 上海市消费者出行特征与商业空间结构分析 [J]. 城市规划，2001(10): 6-14.
[14] 郭莉，谢明隆，邹海翔 . 基于出租车大数据的活动空间功能识别研究——以深圳为例 [c]// 2016 年中国城市交通规划年会论文集，中国广东深圳 .
[15] 周素红，郝新华，柳林 . 多中心化下的城市商业中心空间吸引衰减率验证——深圳市浮动车 GPS 时空数据挖掘 [J]. 地理学报，2014(12): 1810-20.
[16] 梁军辉，林坚，杜洋 . 大数据条件下城市用地类型辨识研究——基于出租车 GPS 数据的动态感知 [J]. 上海国土资源，2016(01): 28-32.
[17] 丁鹏飞 . GIS 商业网点分析与规划研究 [D]；上海：华东师范大学，2006.
[18] 王鸿楷，陈坤宏 . 都市消费空间结构之形成及其意义 [J]. 台湾大学建筑与城乡研究学报，1991. 6:43-62.
[19] 许学强，朱剑如 . 现代城市地理学 [M]. 北京：中国建筑工业出版，1988.
[20]B. P R. Correlat es of the functional structure of urban retail areas : An approach employing multivariate ordination[J]. Professional Geography, 1981. 33(2): 208-15.
[21]SATANI N. Akira Uchida Commercial Facility Location Model using multiple Regression Analysis[J]. Comput, Environ and Urban Systems, 1998. 22(3).
[22]Y L. A nearest -neighbor spatial-associationmeasure for the analysis of firm interdependence[J]. Environment and Planning A, 1979: 169-176.
[23]GOLLEDGE RG S R J. Spatial behavior:A Geographic Perspective [M]. New York: The Guilford Press, 1997.
[24]S. B. Space Syntax: A brief introduction to its logic and analytical techniques[J]. Environment and Behavior, 2003. 35(1).
[25]HILLIER B H J. The social logic of space [M]. Cambridge: Cambridge university press, 1984.
[26]S. B. Space Syntax: A brief introduction to its logic and analytical techniques[J]. Environment and Behavior, 2003. 35(1).
[27] 张愚王 . 再论“空间句法”[J]. 建筑师，2004. 6.
[28] 张珣，钟耳顺，张小虎，等 . 2004-2008 年北京城区商业网点空间分布与集聚特征 [J]. 地理科学进展，2013(08): 1207-15.
[29] 彭继增，熊吉陵，陈清 . 商业集群、第三产业空间演化与经济发展——基于浙江省数据的实证分析 [J]. 商业经济与管理，2010(11): 11-8.
[30]JONES KEN S J. Location , Location , Location :Analyzing the Retail Environment [M]. Nelson Canada: International Thonson Publisher, 1987.
[31] 叶强，谭怡恬，赵学彬，等 . 基于 GIS 的城市商业网点规划实施效果评估 [J]. 地理研究，2013(02): 317-25.
[32] 马才学 . GIS 支持下的商业地理定位研究初探 [J]. 华中农业大学学报（社会科学版），2000(02): 23-6.
[33] 朱枫，宋小冬 . 基于 GIS 的大型百货零售商业设施布局分析——以上海浦东新区为例 [J]. 武汉大学学报（工学版），2003(03): 46-52.
[34] 陈颖彪，千庆兰 . 基于 GIS 的北京市商业空间活动分析 [J]. 地域研究与开发，2004(05): 55-9.
[35] 赖志斌，潘懋 . 基于 GIS 的零售商业网点选址评价模型研究 [J]. 地理信息世界，2009(02): 22-6+47.
[36]GOLLEDGE RG S R J. Spatial behavior:A Geographic Perspective [M]. New York: The Guilford Press, 1997.
[37] 崔鹏吴 . 城市新区商贸服务业空间布局优化研究——以西安浐灞生态区为例 [J]. 未来与发展，2014. 01.
[38] 周尚意，纪李梅 . 北京老城商业空间演替过程研究 —— 以 1996 年到 2006 年内城南北剖线变化为例 [J]. 地理科学，2009(04): 493-9.
[39] 吴康敏，张虹鸥，王洋，等 . 广州市多类型商业中心识别与空间模式 [J]. 地理科学进展，2016(08): 963-74.
[40]CHAINEY S R S, STUART N. When is a hotspot a hotspot? A procedure for creating statistically robust hotspot maps of crime [M]. UK: Taylor & Francis, 2002.
[41] 王洋，杨忍，李强，席文凯 . 广州市银行业的空间布局特征与模式 [J]. 地理科学，2016. 5.
[42] 唐红涛，徐志耀 . 基于 ESDA 的湖南省县域商业空间集聚分析 [J]. 湖南商学院学报，2011(01): 42-8.
[43] 孔咏宁 . 广州市珠江新城商业空间布局结构研究 [D]. 广州：华南理工大学，2013.
[44] 林耿许 . 广州市商业业态空间形成机理 [J]. 地理学报，2004. 05: 754-62.
[45] 林耿 . 广州市商业业态空间形成机理研究 [D]. 广州：中山大学，2002.
[46] 薛娟娟，朱青 . 城市商业空间结构研究评述 [J]. 地域研究与开发，2005. 05: 21-4.
[47] 曹诗怡 . 城市居住与商业空间结构演变相关性研究 [D]. 长沙：湖南大学，2012.
[48] 陈玮应 . “地铁时代”杭州城市商业布局的嬗变与重构 [J]. 浙江建筑，2013. 02.
[49] 龚宝生李 . 南通市城市商业网点布局规划的特色探讨 [J]. 江苏城市规划，2015. 03.
[50] 周锐波 . 广州天河城市中心区商业网点分布及其空间结构研究 [D]. 广州；中山大学，2005.

[51] 焦耀，刘望保，石恩名．基于多源 POI 数据下的广州市商业业态空间分布及其机理研究 [J]. 城市观察，2015(06): 86-96.
[52] 路紫，王文婷，张秋娈，等．体验性网络团购对城市商业空间组织的影响 [J]. 人文地理，2013(05): 101-4+38.
[53] 吴郁文谢，骆慈广，张蕴坚．广州市城区零售商业企业区位布局的探讨 [J]. 地理科学，1988. 03.
[54] 何丹谭．上海零售业态的变迁与城市商业空间结构 [J]. 商业研究，2010. 05.
[55] 杨瑛亢，邓毛颖．广州市区大型百货商场空间布局影响因素分析 [J]. 城市研究，1999. 06.
[56] 杨吾扬．北京市零售商业与服务业中心和网点的过去、现在和未来 [J]. 地理学报，1994. 01.
[57] 安成谋．城市零售商业网点布局初步研究 [J]. 经济地理，1988. 02.
[58] 安成谋．城市零售商业网点布局初步研究 [J]. 经济地理，1988. 02.
[59] 舒舍玉，王润，孙艳伟，刘健，肖黎姗．城市餐饮业的空间格局及影响因素分析——以厦门市为例 [J]. 热带地理，2012. 02.
[60] 仵宗卿，柴彦威．商业活动与城市商业空间结构研究 [J]. 地理学与国土研究，1999(03): 20-4.
[61] 叶强，谭怡恬，谭立力．大型购物中心对城市商业空间结构的影响研究——以长沙市为例 [J]. 经济地理，2011(03): 426-31.
[62] 林雪松．机械市场商业空间设计研究 [D]. 成都：西南交通大学，2014.
[63] 曹玉红，宋艳卿，朱胜清，程先富．基于点状数据的上海都市型工业空间格局研究 [J]. 地理研究，2015. 9.
[64] 范娇娇，苏勤，唐云云，张定．上海市 ATM 机空间分布特征与机制 [J]. 资源开发与市场，2014. 9.
[65] 朱玮王．王府井大街消费者行为的时空特征研究——“步行网格”方法的应用 [J]. 城市规划，2007. 02.
[66] 王德张，蔡嘉璐，朱玮．北京王府井大街消费行为的空间特征分析 [J]. 人文地理，2009. 03.
[67] 许尊王．商业空间消费者行为与规划——以上海新天地为例 [J]. 规划师，2012. 01.
[68] 王德周．上海市消费者对大型超市选择行为的特征分析 [J]. 城市规划汇刊，2002. 04.
[69] 仵宗卿柴，张志斌．天津市民购物行为特征研究 [J]. 地理科学，2000. 06.
[70] 唐静．空间句法在城市商业步行街的规划应用 [D]. 武汉：华中科技大学，2013.
[71] 杨卓，陈宏伟，刘宏波，et al. 南京商业空间格局及商业中心体验度评价研究——以大众点评数据为例 [c]// 中国城市规划年会论文集，中国辽宁沈阳．
[72] 陈姚，朱韬，李石华．基于 GIS 的零售商业网点选址模型研究 [J]. 云南地理环境研究，2005. 11.
[73] 王士君，浩飞龙，姜丽丽．长春市大型商业网点的区位特征及其影响因素 [J]. 地理学报，2015(06): 893-905.
[74] 李强王，梅林．长春市中心城区大型超市空间演变过程及机理研究 [J]. 地理科学，2013. 05.
[75] 卢珊．电子商业对中国城市零售业空间的影响 [D]. 上海：华东师范大学，2008.
[76]ALEXANDER E R F A. Planning and plan implementation: Notes on evaluation criteria[J]. Environment and planning B: Planning and Design, 1989(16): 127-40.
[77]PRESSMAN J L W A B. Implementation: How Great Expectations in Washington Are Dashed in Oakla. [M]. Berkeley: University of California Press, 1973.
[78]E T. After the plans: Methods to evaluate the implementation success of plans.[J]. Journal of Planning Education and Research, 1996. 6(2): 79-91.
[79]E. T. Do plan get implemented: A review of evaluation in planning.[J]. Journal of Planning Literature, 1996(10): 248-59.
[80] 李迎霞．基于 GIS 的南昌商业房地产项目空间布局研究 [D]．南昌：江西财经大学，2013.
[81] 马洪波．基于消费者角度的商业地产研究 [D]. 上海：同济大学，2006.
[82] 韩彬．上海商业银行空间布局特征及其发展构想研究 [D]. 上海：华东师范大学，2009.
[83] 崔璨．上海市商业银行空间布局研究 [D]. 上海：华东师范大学，2014.
[84] 贺灿飞刘．银行业改革与国有商业银行网点空间布局——以中国工商银行和中国银行为例 [J]. 地理研究，2013. 32(1): 111-22.
[85] 杨翔．延吉市零售商业网点空间布局研究 [D]. 延吉：延边大学，2012.
[86] 蒋海兵．上海市中心城区零售业态空间结构研究 [D]. 上海：上海师范大学旅游学院，2006.
[87] 徐晶．南昌市大型零售商业设施布局研究 [D]. 南昌：江西师范大学，2009.
[88] 郑星．武汉市大型零售商业设施空间布局研究 [D]. 武汉：华中科技大学，2005.
[89] 龚剑峰．南昌市搞笑周边商业场所研究 [D]. 南昌：南昌大学，2006.
[90] 程思．基于空间句法的昆明呈贡大学城商业设施布局研究 [D]. 云南：云南大学，2014.
[91] 龙海波．上海现代社区商业空间研究 [D]. 上海：上海师范大学，2007.
[92] 牟宇峰，孙伟，吴加伟．南京商业中心演化与布局研究 [J]. 世界地理研究，2014(02): 112-22.
[93] 李政．天津城市商业体系和规划布局结构发展模式 [D]. 天津：天津大学，2006.
[94] 张玥．郑州城市商业中心布局的空间句法研究 [D]. 郑州：河南农业大学，2014.
[95] 张昊锋．郑州市商业中心空间布局及优化研究 [D]. 郑州：河南大学，2007.
[96] 王永超，王士君，李强．基于 GIS 空间统计的县级商业布局模式及形成机理研究———以吉林省乾安县城为例 [J]. 经济地理，2011. 31(9): 1504-10.
[97] 李超．沈阳浑南新区商业空间优化研究——基于居民购物行为分析视角 [D]. 沈阳；沈阳建筑大学，2013.
[98] 张东升．基于数理分析方法的长沙商业空间结构研究 [D]. 长沙：湖南大学，2012.
[99] 拓星星汪，文琦．基于百度地图的银川市商业空间布局特征及其优化研究 [J]. 宁夏大学学报（自然科学版），2016. 37(1): 94-8.
[100] 廖敏清．基于空间句法的长沙城市商业中心空间布局研究 [D]. 长沙：湖南大学，2013.
[101] 侯胜强．基于人口分布的深圳南山区商业中心布局研究 [D]. 哈尔滨：哈尔滨工业大学，2015.
[102] 莫雨婷．基于 GIS 分析的城市边缘区商业中心布局研究——以南京市江宁区为例 [D]. 南京：南京工业大学，2015.
[103] 许尊，王德．商业空间消费者行为与规划——以上海新天地为例 [J]. 规划师，2012(01): 23-8.
[104] 农耘之．北京王府井大街消费者行为与商业空间布局研究 [D]. 上海：同济大学，2007.
[105] 韦金妮．步行商业街区空间布局模式研究 [D]. 西安：西安建筑科技大学，2010.
[106] 王维．基于商业建筑空间的算法图解研究 [D]. 北京：中央美术学院，2011.
[107] 范宏涛．山地城市大型商业建筑空间可达性研究 [D]. 重庆：重庆大学，2012.
[108] 靳树春．商业建筑“内街空间”设计研究 [D]. 西安：西安建筑科技大学，2009.
[109] 庄宇，姚以倩．上海城市副中心地铁站点区域商业空间使用和步行路径 [J]. 上海城市规划，2016(01): 85-8+117.

大数据在商业空间布局优化中的实践探索

3.1 商业空间规划决策支持的探索：城市交通热点区域在城市商业用地评价中的应用——武汉市苍穹浮动车数据挖掘

随着大数据时代的到来，智能交通数据成为完善城市交通体系的关键信息源 [1]。出租车浮动车的时空位置数据、GPS 轨迹、需求位置数据等常见的交通大数据数量庞大，分布均匀，除获取 OD 信息外，还可通过数据挖掘算法识别用地的性质和出行人口的行为特征。

以出租车时空分布数据为基础的研究，大多能够反映出交通出行人员在城市地理空间中的动态分布状况，而这种动态的时空分布直接反映出人口、就业、出行、道路、居住等一系列跟空间布局、土地利用、空间治理等与空间规划直接相关的影响因素 [2]，对于研究交通活动以及空间布局的优化有着指标性的意义，尤其在城市宏观空间集聚方面有重要的研究价值。

目前，国内外学者对于城市热点区域的概念也已相对明确，在城市空间集聚方面已经进行了诸多研究，例如，王钊等人通过遥感影像数据研究了多中心城市区域城市蔓延冷热点的格局及演化过程 [3]。基于智能大数据的城市热点区域的挖掘提取方面也有诸多研究成果，例如，美国麻省理工学院 Senseable City 实验室的研究人员通过分析上万辆装有 GPS 传感器的出租车载客点和下客点数据揭示了整个城市不同时刻的热点区域 [4]；班雷雨等人基于移动数据发现了人群活动的热点区域 [5]；Gang Pan 等利用出租车轨迹研究了城市土地利用的分类，发现出租车上下客位置的浮动与区域的土地利用类型相关 [6]；刘盼盼、王郑委等人均关注到出租车载客的热点区域对于空间聚类研究的意义，运用 Hadoop、Weka 等工具或平台进行了数据挖掘的研究 [7，8]。

现阶段，城市商业用地评价主要集中于评价指标体系的构建、评价方法的研究及评价模型优化等方面，研究的数据基础还主要停留在传统地理及经济数据构成的静态统计数据及指标的层面。例如，姜怀龙基于城市地籍数据及经济普查数据进行了合肥市城市商业用地集约利用度评价研究 [9]；黄晨应用经济学中改造后的信息熵理论建立了城市商业用地宏观利用节约度指标，对贵阳市的商业用地宏观节约度进行了评价 [10]；但是，针对大数据挖掘的动态指标的构建研究尚未成熟。

本章节基于智能出行平台提供的浮动车大数据，从商业用地布局的角度出发，研究城市交通热点区域与商业用地布局的关系，并以武汉为例，进一步研究城市交通热点指标在城市商业用地评价中的应用，作为大数据挖掘在城市商业用地评价领域中的一次探索。

3.1.1 数据来源与研究方法

1. 研究区及数据来源

选取武汉市中心城区和近郊区（13 个市辖区，3 个国家级开发区）作为

① 苍穹是一款以打车软件为基础的城市出租车运行大数据分析平台。“苍穹”智能出行平台能够直观地反映城市出租车聚集区、需求密集区以及运行轨迹等信息，这些动态信息是交通活动分析以及城市规划研究的重要支撑。

研究区，总面积 8 594 km^2。

“苍穹”①智能出行平台提供的武汉市原始数据为浮动车数据。数据记录的基本信息包括武汉市出租车的分布状态、打车难易程度、打车需求量、打车订单时间、车费、行车轨迹等综合大数据信息。本章节提取 2016 年 3 月份全部 31 天的武汉市出租车动态信息，展示城市不同日期、不同时间段出租车运行的实时动态信息，以及出租车供需数据，共计 3 000 万条记录作为研究数据。

同时，立足于完整详尽的数据基础，作者以“苍穹”智能出行大数据平台提供的武汉市出租车空间数据为主数据源，借助其他统计数据及相关规划数据作为分析研究的辅助数据（表 3-1）。

表 3-1 辅助数据选取

名称	类型	描述
统一规划管理用图	Raster map	武汉市统一规划管理用图
道路交通现状数据	Raster map	武汉市主次道路空间分布数据
公共交通现状数据	Raster map	武汉市公共交通线路网络数据
人口空间分布现状数据	Raster map	武汉市主城区人口分布与密度数据
土地利用现状数据	Raster map	土地利用现状数据
土地利用规划数据	Raster map	土地利用规划数据

2. 研究方法

本章节研究思路分为两个部分：一是运用苍穹数据进行统计分析，识别武汉城市交通热点区域（以下简称热点区）同城市商业空间的耦合关系，从城市发展的宏观层面探讨商业空间的集聚特征；二是运用多准则决策模型，把城市热点区域纳入到决策参数范畴内，分析评价城市商业用地空间的合理性，为城市商业空间优化提供决策支持。由于出租车数据是具有空间坐标的离散点对象，数据提取与挖掘的具体方法如图 3-1 所示。首先，对离散的数据进行聚类筛选，根据研究区域内出租车供应频次和订单频次，进行空间聚类分析，确定出租车空间集聚点。其次，针对武汉市现有商圈的出租车需求量、早高峰订单量、客流量、日出租车分布数量，确定空间热点区域的识别标准，与出租车空间集聚点拟合提取城市空间热点区域；同时，进行相关性分析，验证热点区域同商业区的耦合关系。再次，采用局域 Getis-Ord Gi* 指数法识别具有统计显著性的城市热点位置，将商业中心同热点区域进行叠加分析；第四，引入多准则决策模型，加入基于城市热点区域的动态指标，进行商业用地适应性评价（图 3-1）。

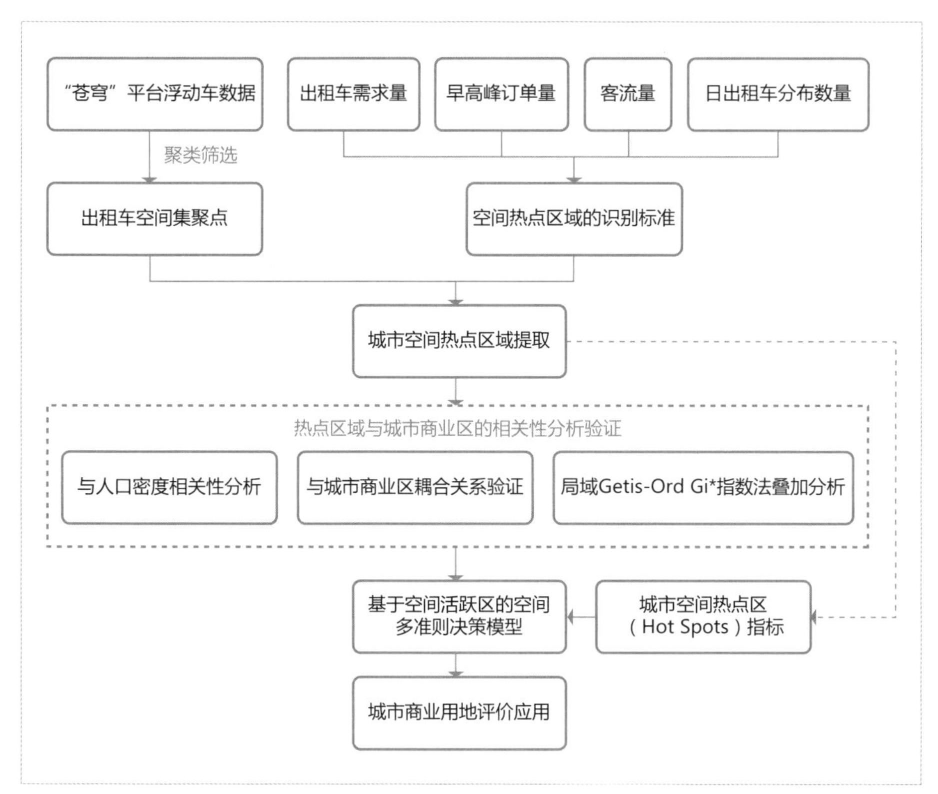

图 3-1 研究思路及方法

（1）局域 Getis-ord Gi* 指数法

Getis-ord Gi* 用来分析不同类型空间元素在空间上的关联和聚集程度。该统计量通过计算某个要素及其给定距离范围内相邻要素的局部总和与所有要素的总和进行比较，用于分析属性值在局部空间水平上的集聚程度，公式如下[10]：

$$G_i^* = \frac{\sum_{j=1}^{n} w_{i,j}x_j - \overline{X}\sum_{j=1}^{n} w_{i,j}}{S\sqrt{\frac{\left[n\sum_{j=1}^{n} w_{i,j}x_j - \left(\sum_{j=1}^{n} w_{i,j}\right)^2\right]}{n-1}}} \tag{3-1}$$

其中 X_j 是 j 的属性值，$W_{i,j}$ 是要素 i 和 j 之间的空间权重，n 为要素总和，且

$$\overline{X} = \frac{\sum_{j=1}^{n} x_j}{n} \tag{3-2}$$

$$S = \sqrt{\frac{\sum_{j=1}^{n} x_j^2}{n} - \left(\overline{X}\right)^2} \tag{3-3}$$

该方法统计原理为当某一要素本身具有高值，且被其他同样具有高值的要素所包围时，则该要素则成为具有显著统计意义的热点，反之，则是冷点。该方法需要为数据集中的每个要素返回 G_i^* 统计，即 z 得分。对于具有显著统计学意义的正的 z 得分，z 得分越高，高值（热点）的聚类就越紧密。对于统计学上的显著性负 z 得分，z 得分越低，低值（冷点）的聚类就越紧密。

（2）Ripley's $K(r)$ 函数

Ripley's $K(r)$ 函数是一种对一定距离范围内的空间相关性进行汇总的方法。具体公式如下：

$$K(r)=\sqrt{\frac{A\sum_{j=1}^{n}\sum_{j=1,j\neq 1}^{n}k_{i,j}}{\eth n(n-1)}} \tag{3-4}$$

式中，r 表示距离，n 表示要素的数量，A 代表要素的范围，$k_{i,j}$ 则代表权重值。

该方法会输出一个 K 标准值和一个 K 计算值，标准值为整个研究区域内要素的平均密度，然后对特定距离（分析尺度）范围内的集聚程度进行统计，获得分析尺度下的观测计算值。如果特定尺度的 K 计算值大于 K 标准值，则与该距离（分析尺度）的随机分布相比，该分布的聚类程度更高。如果 K 计算值小于 K 标准值，则与该距离的随机分布相比，该分布的离散程度更高。

（3）多准则决策模型

多准则决策（multi-criteria decision-making，MCDM）是指在具有相互冲突、不可共度的有限（无限）方案集中进行选择的决策，而空间多准则模型（S-MCDM）就是多准则决策模型在空间上的表达。空间多准则决策模型将多种元素和因子作为准则进行评价与分析，准则是评价工作的基础，被称为项目评估影响因子。在任何的按比例步进式变化（percent change，PC）的情况下，所有的准则因子权重的总 W（pc）和为 1，多准则模型的计算公式如下：

$$W(pc)=\sum_{i=1}^{n}W(c_i,pc)=1, \tag{3-5}$$

式中，W（pc）是第 i 个准因子，C_i 是在一定 pc 取值下的权重值，n 是准则因子的总数。

3.1.2 热点区域与城市商业用地关系分析

1. 热点区域 的提取

（1）出租车集聚点提取

根据“苍穹”智能出行平台提供的武汉市出租车动态信息，根据不同空间位置出租车供应量、订单量发生的频次，划分分类提取标准（表 3-2），得到图 3-2 和图 3-3。

表 3-2 出租车集聚点提取标准

名称	提取标准		
出租车数量（辆 / 天）	0 ～ 100	100 ～ 200	＞ 200
订单频次（单 / 天）	0 ～ 5	5 ～ 30	＞ 30

（2）武汉市各商圈出租车活跃特征

根据“苍穹”数据，统计分析武汉市各级商圈租车需求数量、订单频次、出租车供应量、日均客流量。得到各商圈出租车同客流的特征信息，如图 3-4、图 3-5、图 3-6 和图 3-7 所示。

图 3-2 2016 年 3 月武汉市城区内出租车平均供应数量分布图（辆 / 天）

图 3-3 2016 年 3 月武汉市城区内出租车平均需求数量分布图（单 / 天）

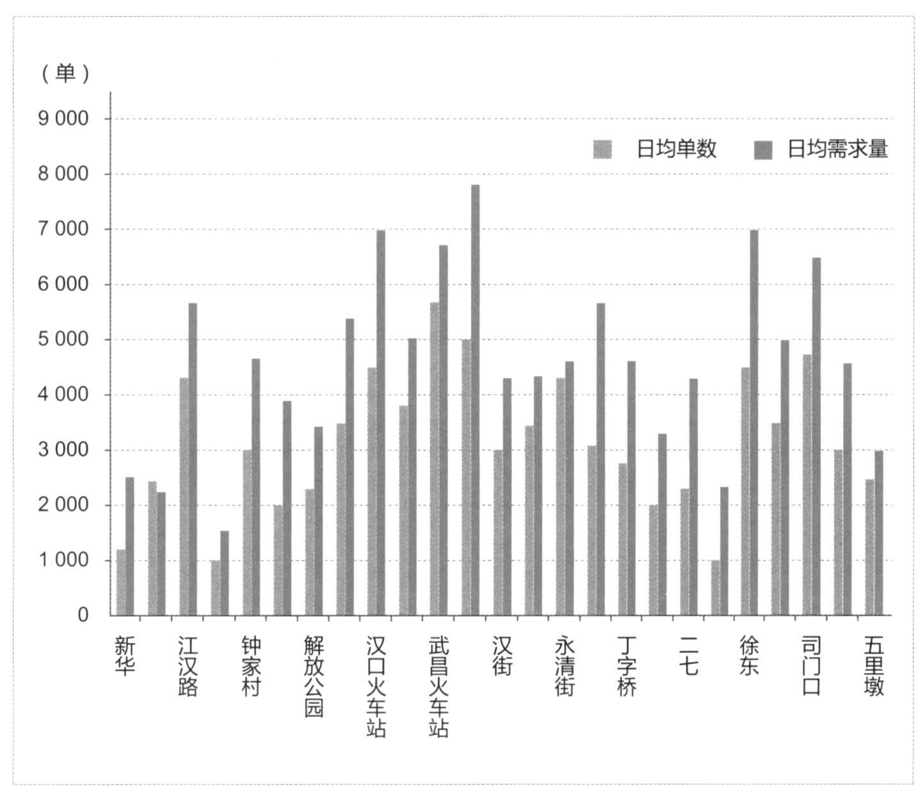

图 3-4 订单与需求量较高的城市热点区

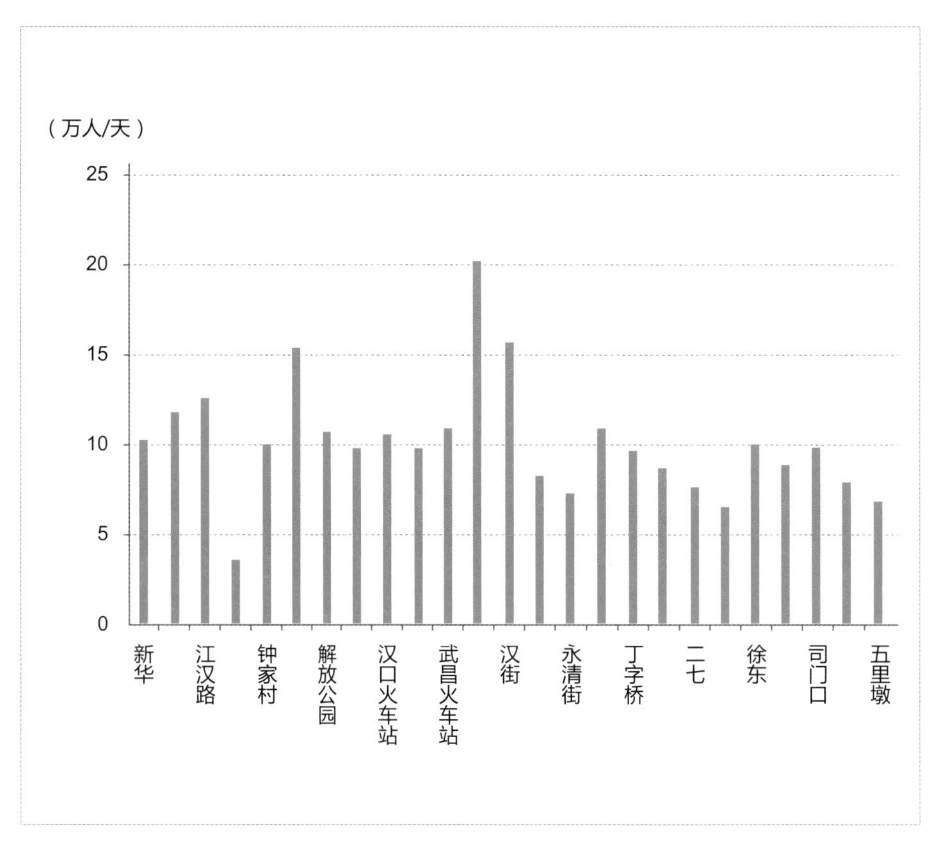

图 3-5 平均早高峰出现 200 订单以上的热点区

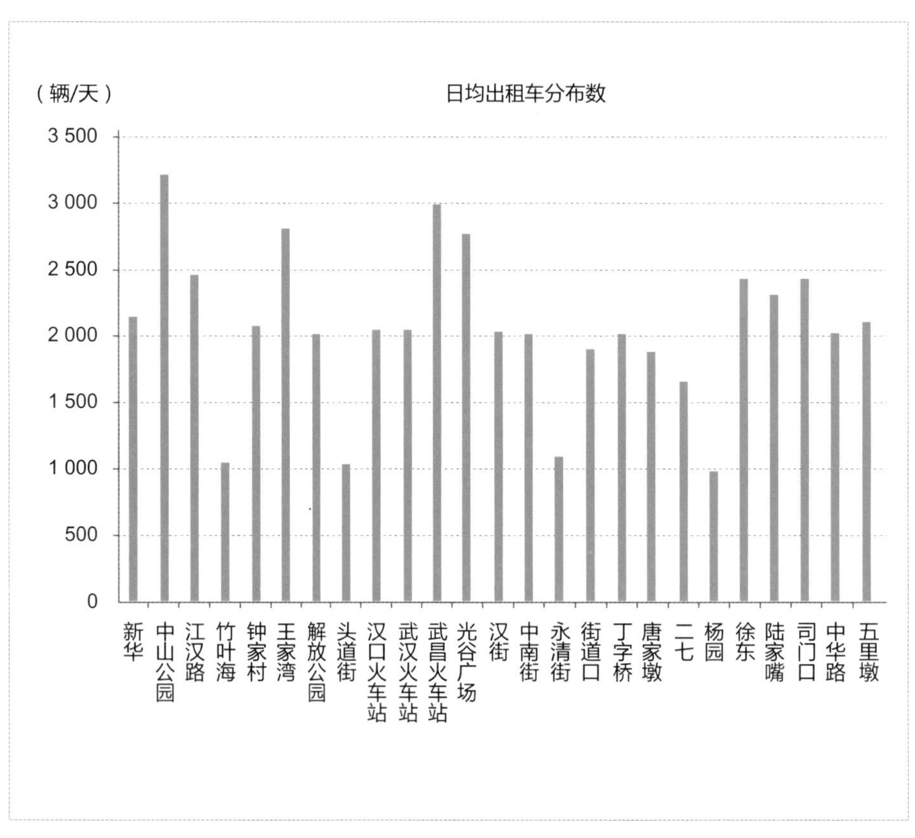

图 3-6 各商圈日均客流量

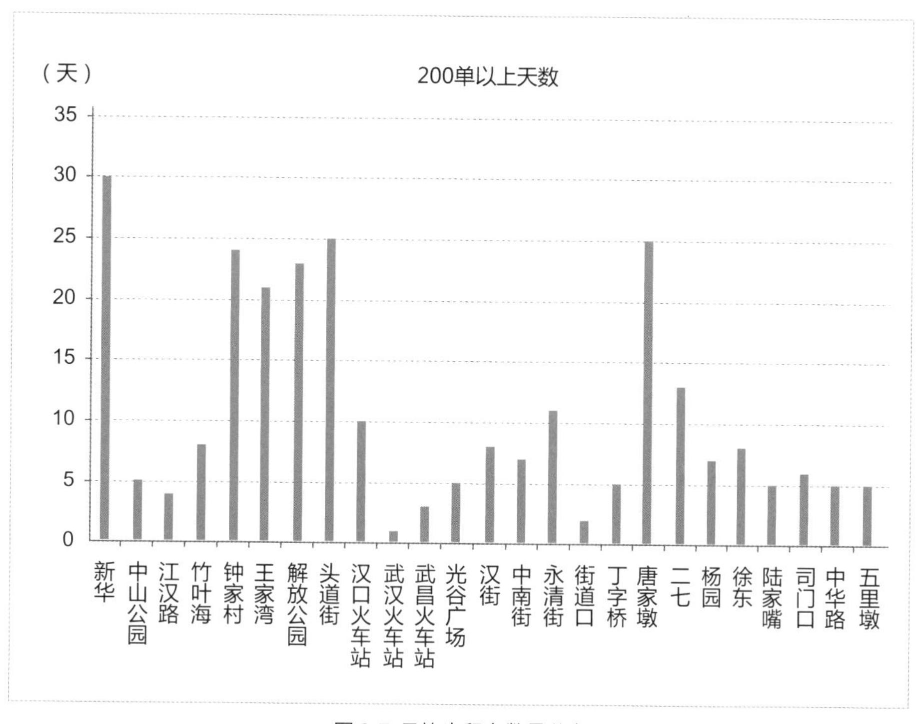

图 3-7 日均出租车数量分布

（3）热点区域提取

统计各商圈的出租车和客流特征信息，排除火车站、汽车站等车流密集区，可以发现武汉市区级以上商圈平均每小时出租车订单数量超过 200 单、出租车日均分布数量大于 1 000 辆次以及出租车日均需求超过 2 000 单。在图 3-2、图 3-3 基础上，把这些空间特征点加以提取叠加，获得武汉市城市热点区域。具体如图 3-8 所示。

图 3-8 城市热点区提取

2. 热点区域与商业空间的相关性分析

（1）与人口密度相关性分析

将武汉市人口密度分布与提取出来的城市热点进行叠加，可发现城市热点活跃程度与城市的人口分布有着密切的关系，提取出来的城市热点基本位于人口密度较高的城市核心区域，与常规判断完全吻合，如图3-9和图3-10所示。

（2）与城市商业用地的空间相关性分析

由于已经获取的城市热点区域在空间上以点的形式分布，而城市商业用地是以面的形式分布，因此，先对城市商业用地的空间位置进行标准化，将城市商业用地的面数据转化为点数据的形式在空间上进行表达，进而利用空间聚类的方法进行 Getis-Ord Gi* 统计，获得热点区与城市商业用地的

图 3-9 武汉市人口密度分布图（人 / 像元）

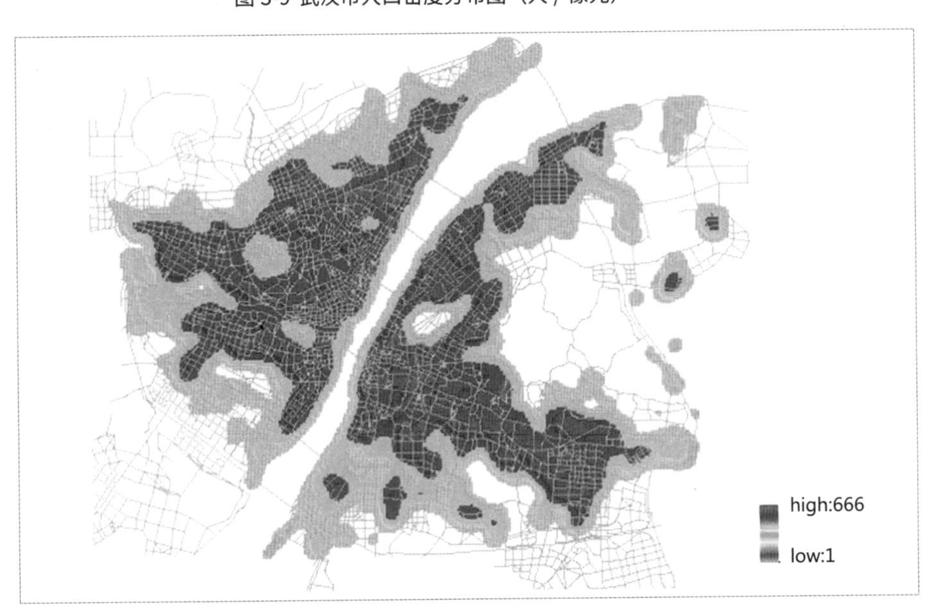

图 3-10 人口密度与城市热点区匹配图（人 / 像元）

空间聚类分析结果。

如图 3-11 至图 3-14 所示，城市热点区域和城市商业用地分布点，均产生了类似的布局特点，在城市核心区呈现出显著的高值紧密空间热点集聚，

图 3-11 城市热点区的空间集聚分布图

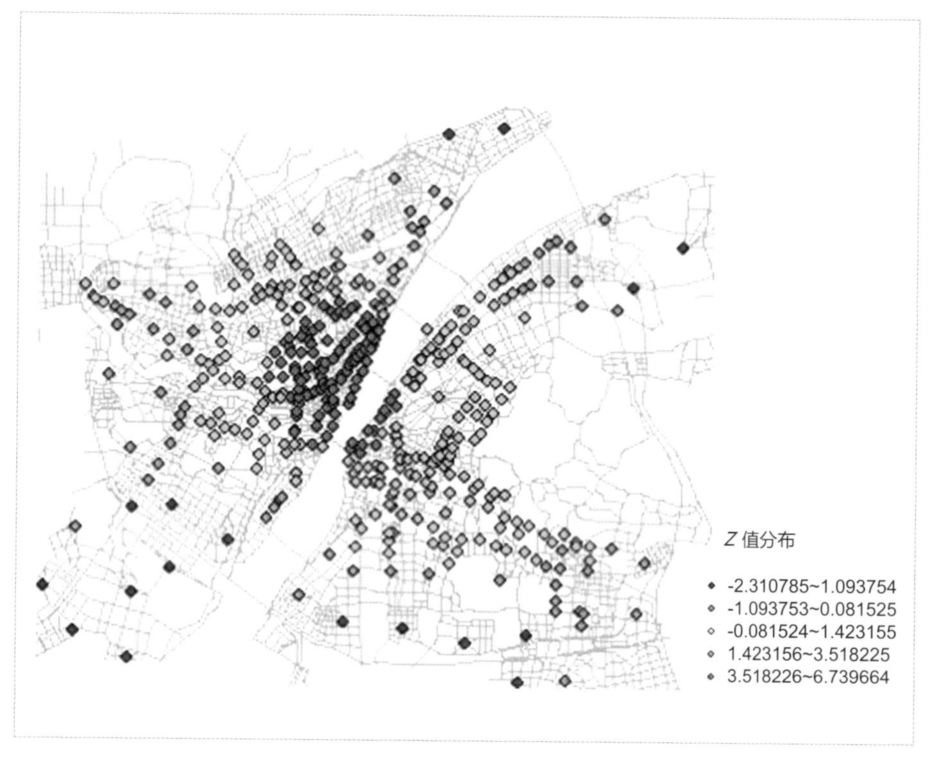

图 3-12 城市热点区的 Z 值分布图

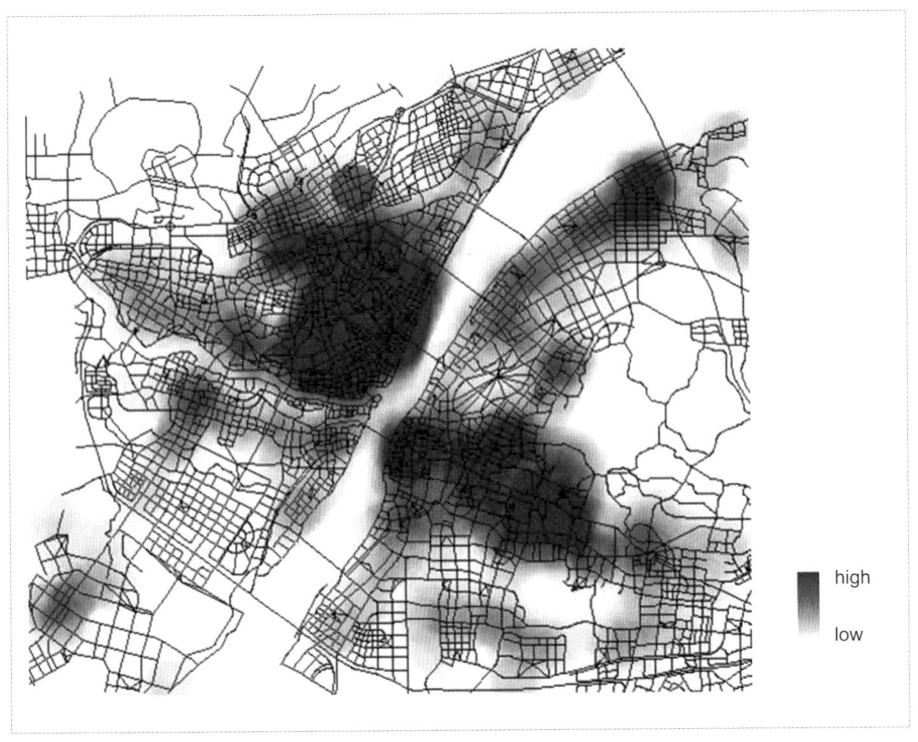

图 3-13 城市商业用地空间集聚分布图

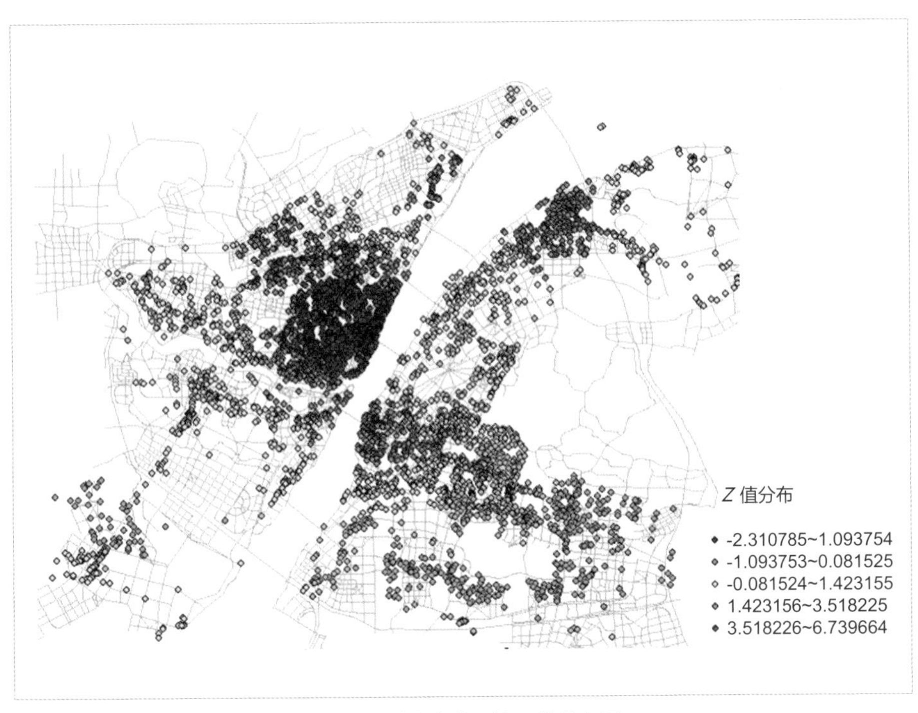

图 3-14 城市商业用地 Z 值分布图

在城市郊区呈现低值紧密的冷点集聚。

图 3-15 与图 3-16 是借助 Ripley's *K*(*d*) 函数获得的空间集聚模式的统计结果，说明城市热点区域同商业用地在空间集聚模式上高度一致，均呈现倒“U”形的集聚特征。图 3-15 与图 3-16 中，直线表明标准值，而曲线则

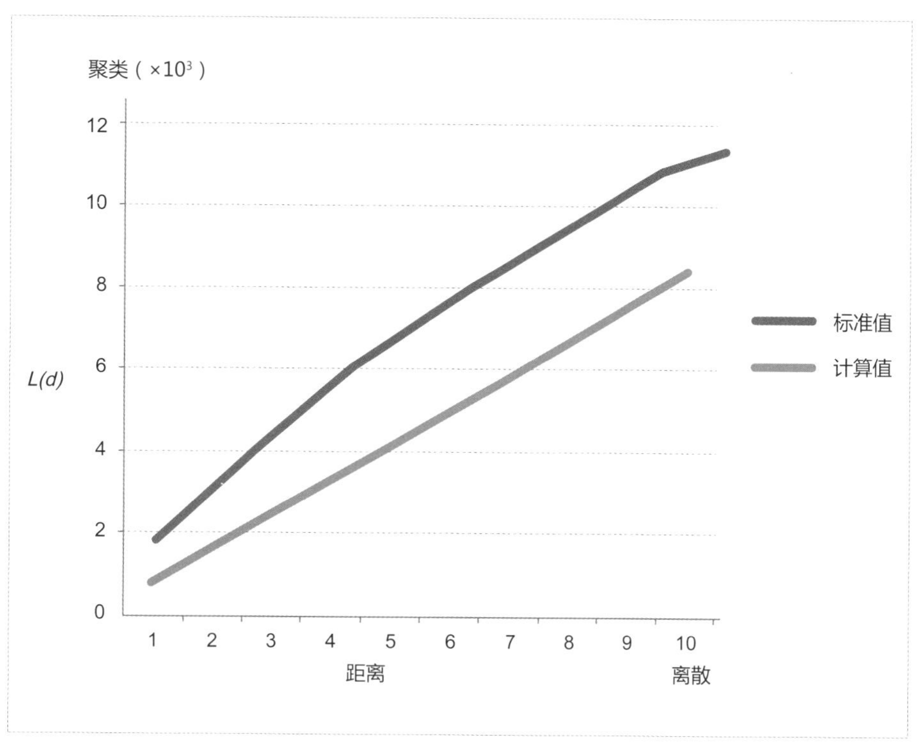

图 3-15 城市热点区空间分布状态

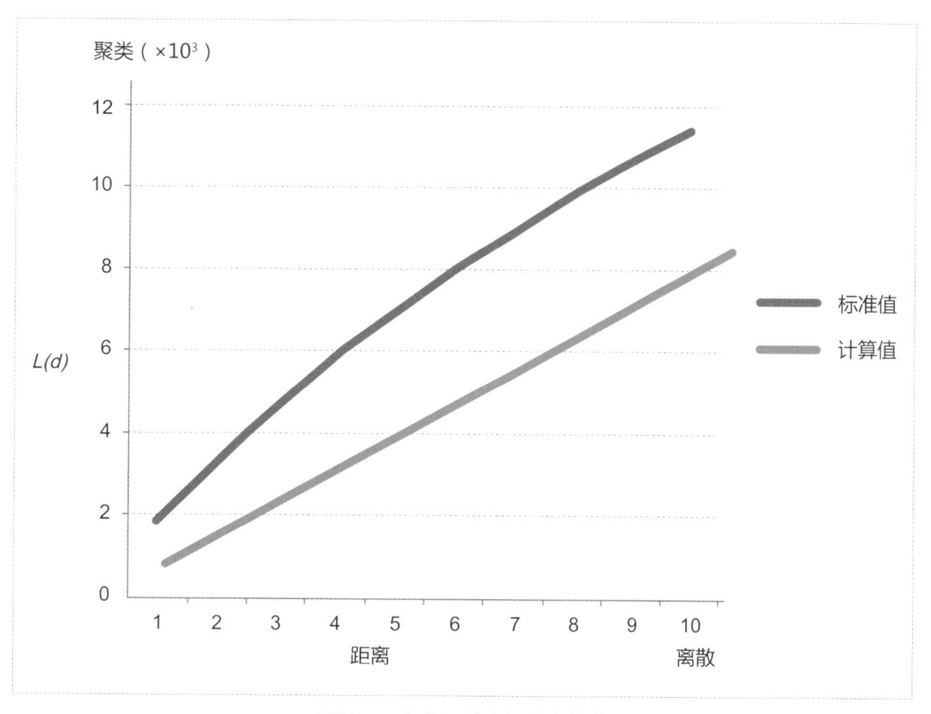

图 3-16 商业用地空间分布状态

表明计算值，结果说明城市热点区与城市商业用地在空间上的相互关系是同方向上的空间聚集。

（3）集聚空间重合度分析

将城市热点区域与商业用地进行数据叠加分析，得到图 3-17。结果可

图 3-17 城市热点区与商业用地重合度分析

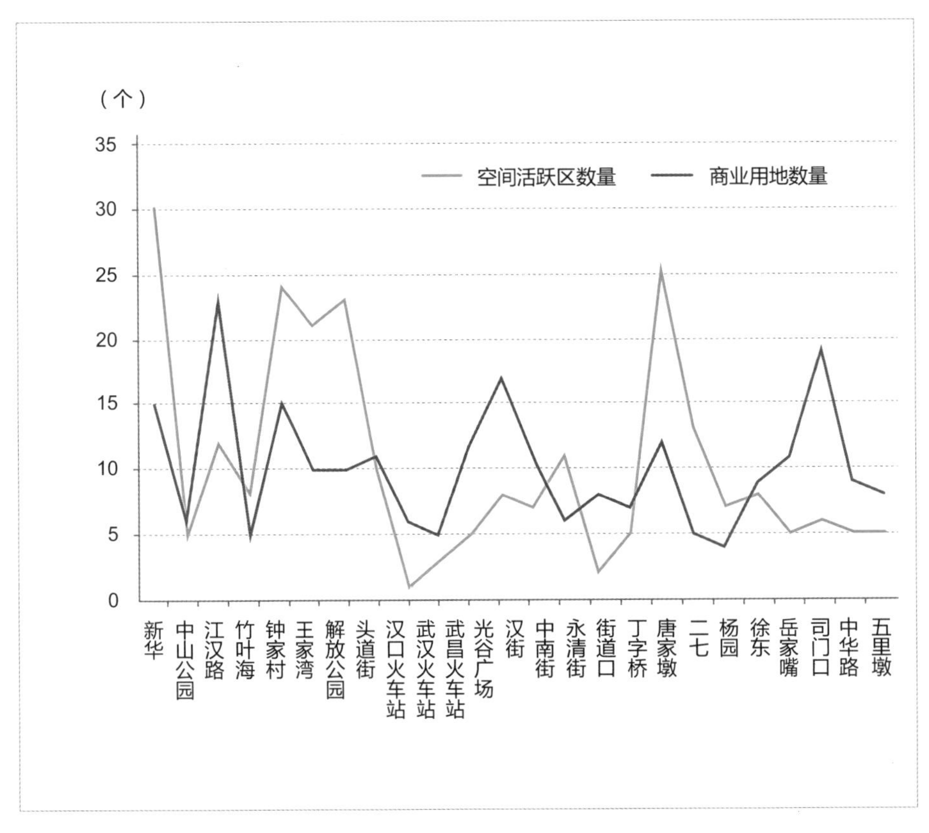

图 3-18 各主要商圈城市热点区与商业用地数量统计

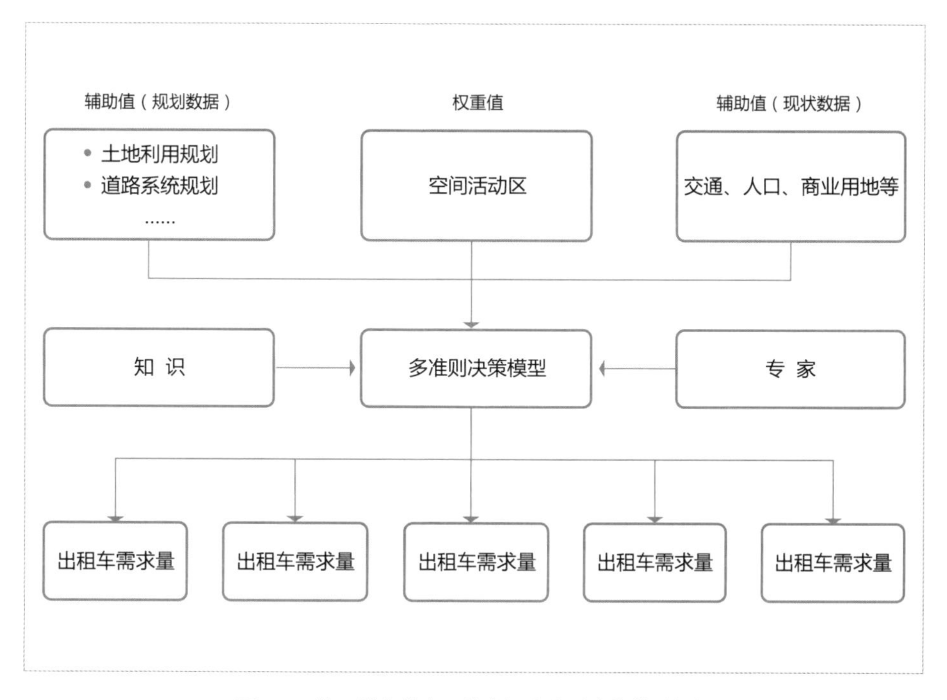

图 3-19 基于城市热点区的空间多准则决策模型框架

发现城市热点区域与城市商业用地在空间分布上的吻合度达到 86.4%，高度重合。具体到各主要商圈，城市热点区域与商业用地在数量上也呈现正相关的特点，如图 3-18 所示。

以上分析证明，基于智能出行大数据分析提取的城市热点区域能够直观的反映出城市商业用地的空间分布状况和空间聚集特点，可以作为城市商业空间研究的重要载体。

3.1.3 热点区域在城市商业用地评价中的应用

城市用地选址一直是城市规划中十分重要的决策问题。决策者需要同时考虑不同的判断准则，对多个可选场所进行适宜性排序与选择。鉴于城市热点区域与城市商业用地空间的紧密相关性，本节尝试将其作为城市商业用地评价的重要指标，探讨其在城市商业用地选址评价中的应用。

1. 基于热点区域的空间多准则决策模型构建

城市空间商业用地是一个多功能、多层次、多目标的复杂评价对象[11]。以基于智能出行大数据提取的城市热点区作为多准则决策模型的权重因子，其他相关规划的空间信息作为辅助决策因子，建立基于城市热点区域的商业用地评价方法模型，评价城市商业用地合理性和适宜性，如图 3-19 所示。

模型构建的重点是准则的选取和权重的确定，需要识别选址方案的最终结果受到哪些因素的影响，即提取影响因子。实际应用中需要根据不同尺度、不同目标的评价任务，对模型进行相应的调整和优化，进而更好地完成评价和后续规划工作。以武汉全市商业用地为评价对象，利用 ArcGIS 平台整合基础数据，结合 ILWIS 软件处理分析数据，以城市热点区域作为决策的主要权重因子，城市规划数据、土地利用数据、交通道路数据、人口分布数据、商业用地数据等作为决策模型的辅助计算因子。

2. 城市商业用地评价的应用

（1）城市商业用地的适宜性评价

前文研究证明了城市热点区域与城市商业用地在空间上的相关性，根据多准则空间决策的原理，直接将城市热点区域作为评价的主要影响因子，赋予较大的计算权重值 0.5（经过检验测试，发现当城市热点区域的决策因子权重值为 0.5 时，符合前文验证结果，而通常情况下决策因子权重不会超过 0.5），反映城市热点区域对于城市商业用地规划选址的指向性作用。其他诸如土地利用、交通信息、人口分布等辅助因子赋予相对较小的计算权重（表 3-3）。

基于决策树建立的空间决策模型，利用 ArcGIS 和 ILWIS 软件中的空间多准则决策模型方法，对武汉市商业用地现状进行评价，模型评价值为标准值（0~1 取值），反映在图 3-20 中的色斑表示评价结果在空间上的分布，得分越接近于 1 的就是适宜性越优的商业用地地块，此区域适合商业用地的布局；而得分越趋近于 0，则表明该区域越不适合商业用地的布局。

表 3-3 空间决策评价模型权重分值

名称	提取标准	提取标准
城市热点区域（决策权重值）	Raster map	0.5
道路交通现状数据	Raster map	0.125
公共交通现状数据	Raster map	0.125
人口空间分布现状数据	Raster map	0.125
土地利用现状数据	Raster map	0.125
		Total：1

通过将图 3-21 评价结果与武汉市城市总体规划（2010—2020 年）的用地规划图进行叠加分析可以发现，评价值大于 0.8 的区域（图 3-21），与武汉市核心商圈的布局基本吻合，从而确定评价值大于 0.8 的区域可以作为商业用地设定（商业、商务用地）。继续扩大评价值的搜索区间，发现 0.5 ～ 0.8 的区间同武汉市零售商业、特色商业街、社区级商业的布局吻合，且这些区域大都是商业区和居住区高度耦合的区域。也就是说，当评价值在 0.5 ～ 0.8 的区间内，城市商业用地存在混合用地的倾向（图 3-22）。

图 3-20 现状商业用地适宜性评分

2）城市商业用地需求预测

实际规划中，城市用地布局的统筹安排一般以规划编制单元为基本单位整体考虑，因此，针对武汉市 88 个规划编制单元，结合现有商业用地密度、城市热点区域动态指标，利用 ArcGIS 和 ILWIS 软件中搭建的模型方法，统计出武汉市 88 个规划编制单元商业用地发展的需求匹配度，提取出商业用地需求缺口最大的规划编制单元，进而指导下一步用地规划的编制工作，如图 3-24 所示。

利用多准则模型对武汉市 88 个编制单元进行商业用地需求评价，取值 0 ～ 1，分值越接近于 1，则表明规划编制单元的商业用地需求越大；分值越小，则表明该规划编制单元的商业用地需求越小。

将适宜地块图 3-22 和编制单元的商业用地需求图 3-23 叠加后，可以发现各编制单元的商业现状分布情况（图 3-24）。结合模型评价对这些规划编制单元的商业用地需求得分，分析出迫切需要进行商业用地布局的规划编制单元（图 3-25）。可以得出在商业用地需求得分大于 0.5 且现状商业用地布局量较小的 3 个规划编制单元迫切需要统筹布局增加商业用地。

将图 3-25 计算得出的 3 个空间规划编制单元，结合商业设施现状与规划进行分析，发现 3 个单元内部的商业设施是匮乏的，同时，武汉市商业规划中并没有相应的规划布局（图 3-26）。

由 3 个编制单元的现实发展情况可知，3 个单元合计人口 206 296 人，其中，单元 A0204 中有人口 64 066 人，单元 A0803 有人口 76 756 人，单

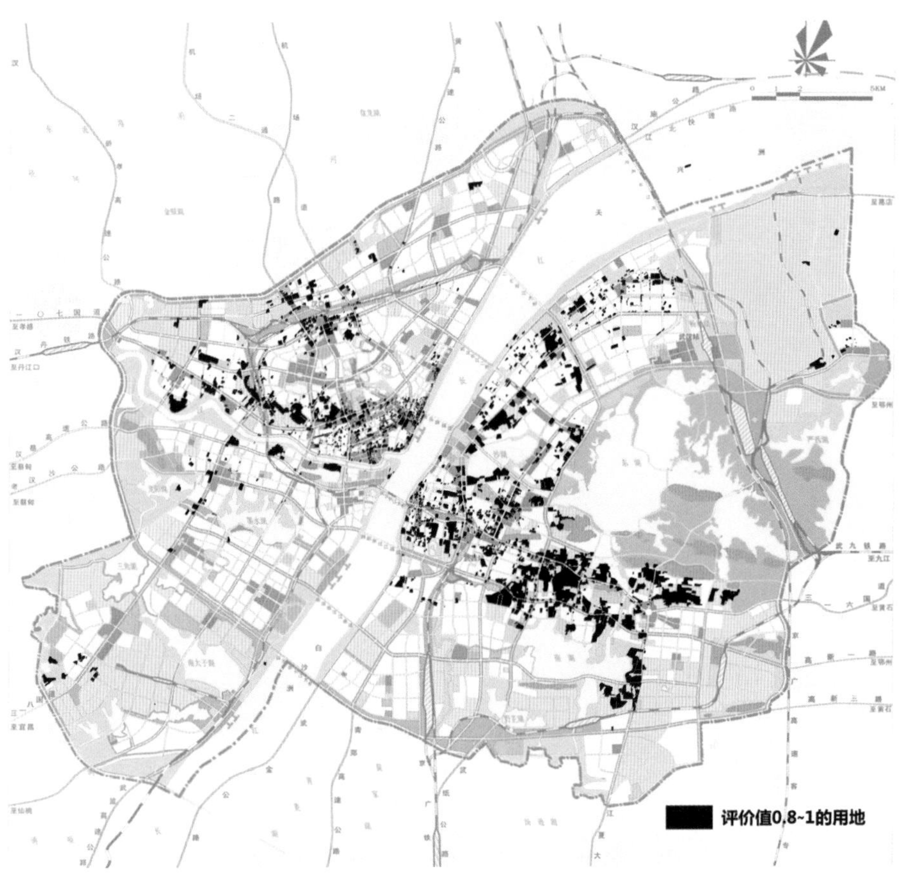

图 3-21 模型提取的最适宜商业用地布局（评价值 0.8 ～ 1）

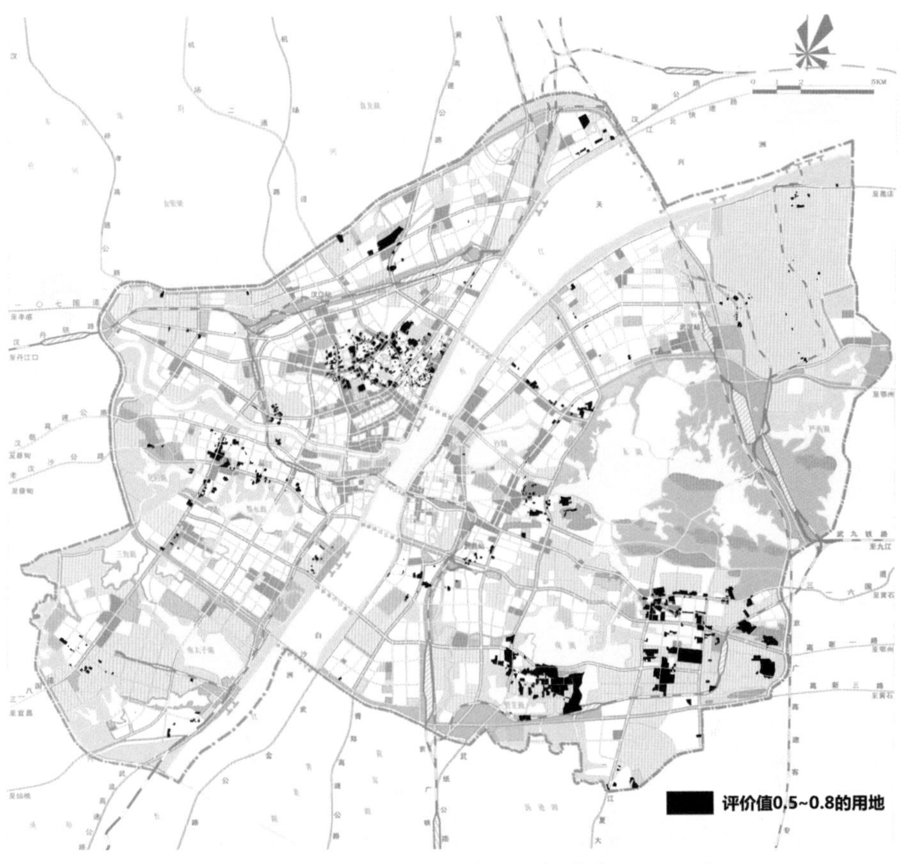

图 3-22 模型提取的适宜商业用地布局（评价值 0.5 ～ 0.8）

图 3-23 88 个规划编制单元的商业用地需求评价图

图 3-24 编制单元与最适宜地块叠加图

图 3-25 商业用地布局需求最大的规划编制单元

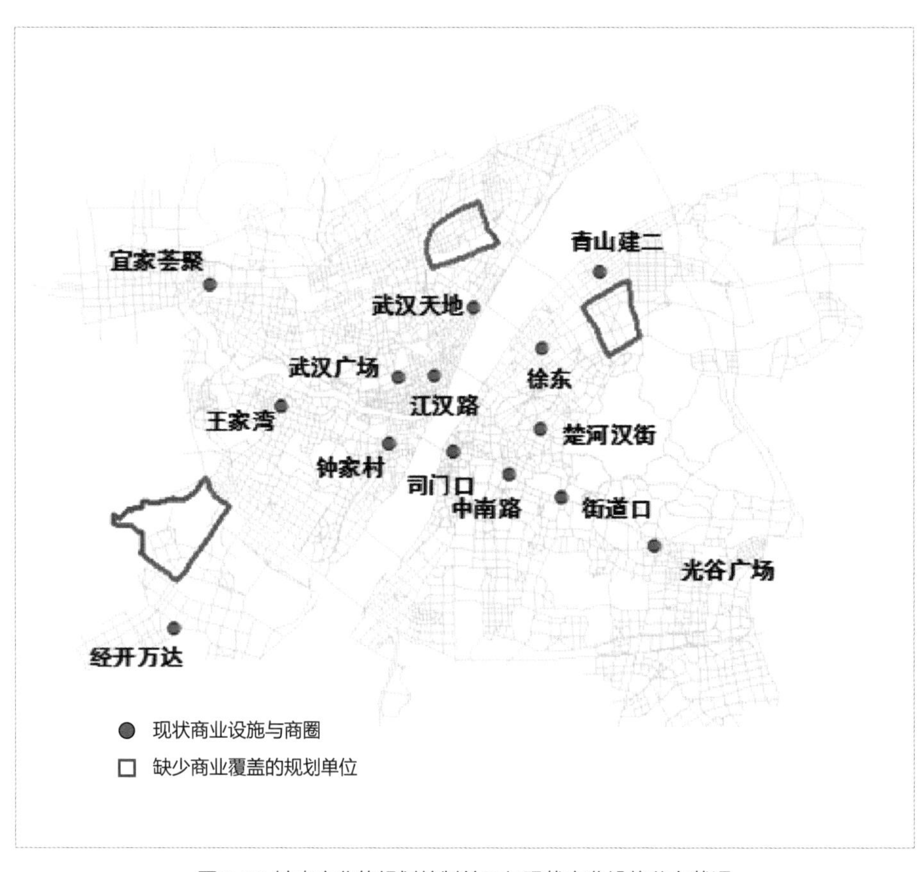

图 3-26 缺少商业的规划编制单元与现状商业设施分布状况

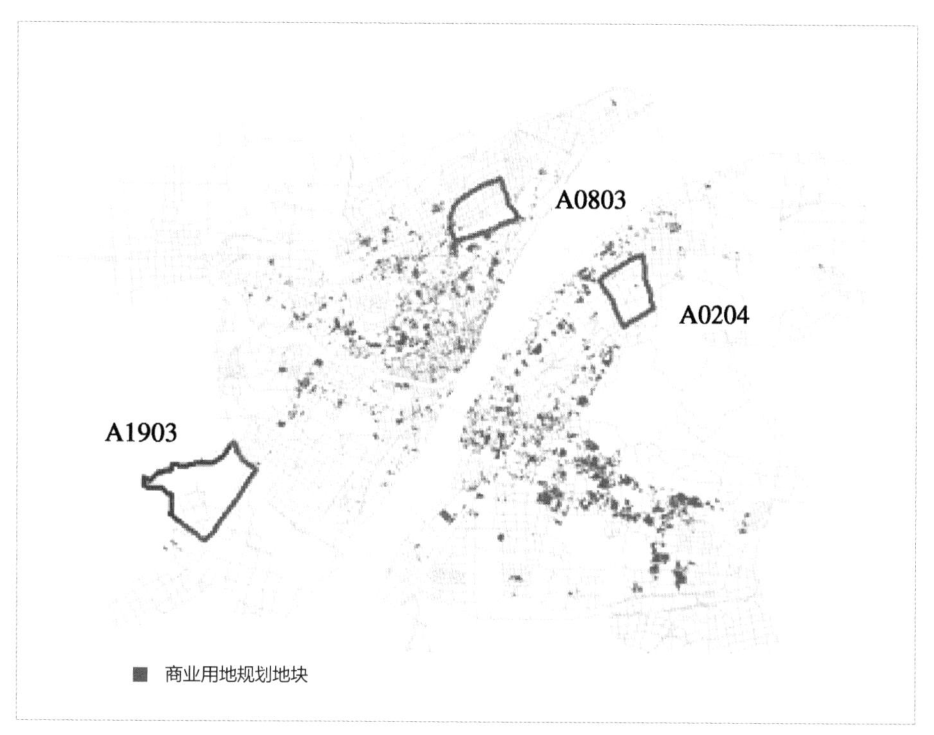

图 3-27 缺少商业的规划编制单元与规划商业用地空间状况

元 A1903 包含人口 65 474 人。表 3-4 是针对 3 个编制单元，通过百度地图、高德地图和大众点评网中提取的商业设施的 POI 数据。可以直观地发现，在选取的 3 个单元内，区域内的商业形态主要以便利店和小卖部为主，区域内无一家商业综合体，无一家大型连锁超市，并且社区商业设施也严重匮乏。通过图 3-26 和图 3-27 得出，区域内也无商业用地的规划布局，现有的商业空间规划无法满足区域内的居民需求。因此，通过商业用地需求分析，可以发现现有规划中的不足，对于今后的规划修编和调整提供了解决方向和路径。

表 3-4 选取的规划编制单元内商业点统计

单元名称	大型商业综合体	大型连锁综合超市	社区商业	便利店
A0204	0	0	0	15
A0803	0	0	0	7
A1903	0	0	0	19

（资料综合：百度地图，高德地图，大众点评网）

（3）城市商业空间结构评价

对模型提取的现状商业用地适宜性评价（图 3-20）进行点密度分析与城市现有商圈布局进行叠加，可以得到现状商圈和城市热点区域的空间分

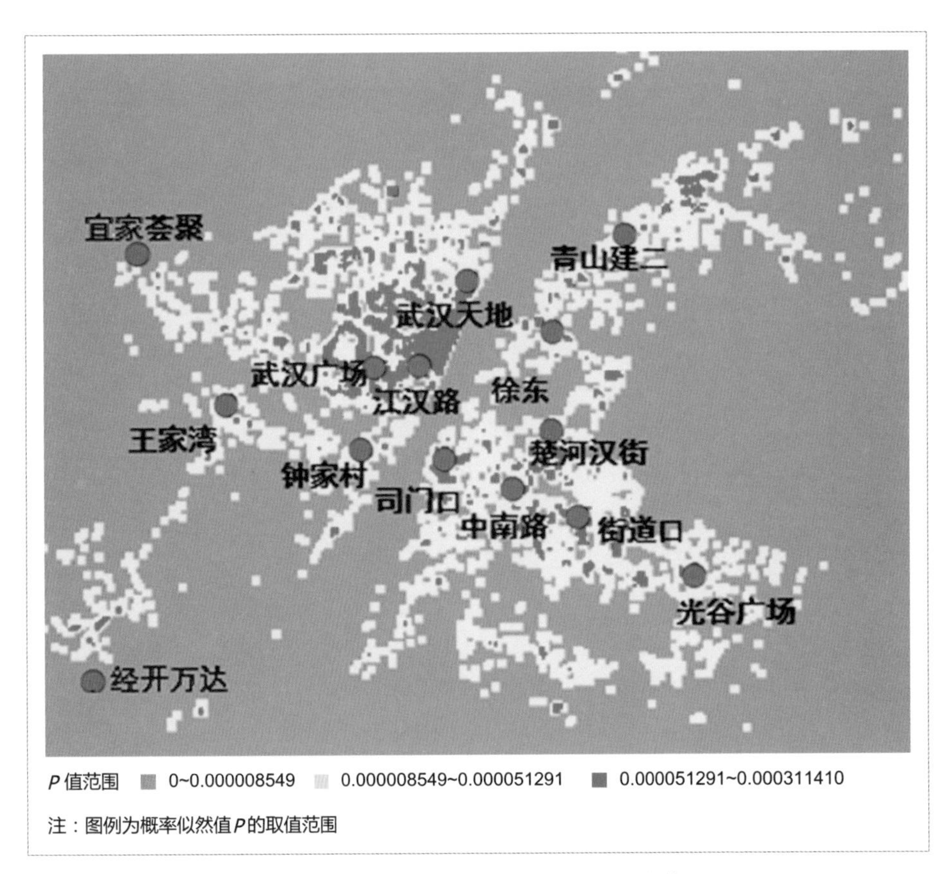

图 3-28 现状商圈和城市热点区域的空间分布状况

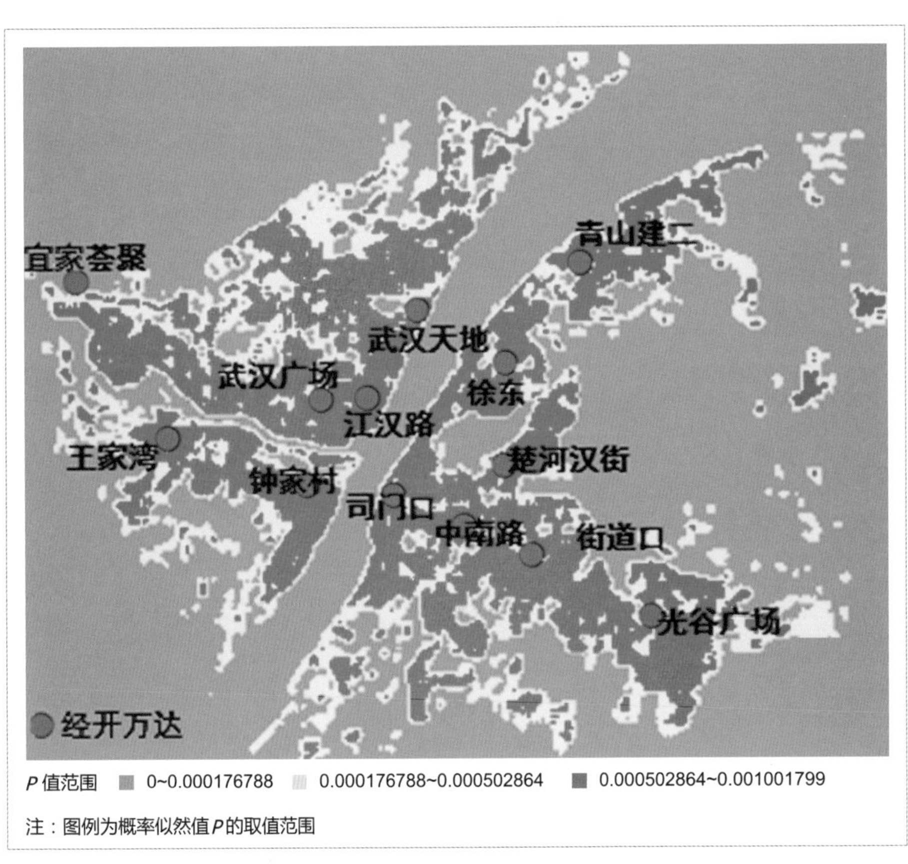

图 3-29 现状商圈和人口密度的空间分布状况

布状况（图 3-28）。由此发现，武汉三镇的核心商圈主要集中在江汉区长江与汉江交汇处的西北部区域，呈现单中心的商业空间结构。现状商圈和人口密度的空间分布状况（图 3-29）显示，武汉市 1 100 万中心城区人口市域均匀分布，然而，除江汉区之外的人口密集区缺少大规模核心商业设施，城市商业服务设施布局失衡。虽然近年来，武汉围绕东湖大力发展商务、文教、政务服务功能，尤其是楚河汉街的开发，在一定程度上缓解了部分商业服务压力，但是仍旧无法解决商业配套支撑问题。此外，汉阳区作为传统工业基地，近年来走产城融合的发展道路，从发展现状来看，其更需要商业综合服务业的支撑。因此，武汉市商业空间应尽快从单核发展向多核模式演变，同时应积极培育多个城市商业副中心，最终形成中心、副中心、社区中心的多层次组团化的商业空间结构。

3.1.4 结论与讨论

与传统的以静态统计和抽样方法获得数据相比，依靠智能出行大数据分析技术可以实时对所有样本进行可视化和相关分析，可以更为全面客观地描述城市的现状和问题，由此，规划也获得了动态评估和调控城市空间的手段。本节以武汉市为研究对象，通过“苍穹”平台出租车出行数据的挖掘，验证了城市热点区域同城市商业空间分布的关系，并探索了城市热点区域在城市商业空间评价、优化中的应用。具体如下：

（1）城市出租车大数据可以作为筛选城市热点区的一种数据途径，该热点区可以直观体现城市商业空间布局的特征，在空间集聚度、空间布局吻合度、空间相关性方面同城市商业空间布局具有较强的一致性。

（2）城市热点与商业空间布局的一致性说明，城市热点区可以作为评价城市商业空间规划的重要参考因子。城市热点区大都集中了重要的人群活动内容，根据其重要性确定合理的权重系数，可以纳入多准则决策中进行运用。通过模拟检验发现，城市热点区同城市人口、交通、商业、设施等因素相比，对商业空间评价决策的影响因子权重较高，达到 0.5。

（3）以城市热点区作为重要决策因子的多准则评价模型，可以对城市商业空间进行综合评价。

① 可以进行商业用地适宜性的评价，用来判断城市不同商业用地的性质和规模。借助数据挖掘发现，用多准则模型提取出来的商业用地适应性得分，可以作为划分商业用地、混合用地的决策依据。本节研究中评价值在 0.8 ～ 1 区间中的用地最适宜用作商业建设，评价值在 0.5 ～ 0.8 区间中的用地适宜作为商业同其他建设用地的混合用地。

② 可以进行商业用地需求及业态导向的评价，用于提供城市商圈等级和商圈业态的决策支持。城市热点区域大都是人口集聚和人群活动密集的区域，蕴含了很多商业活动需求。把城市热点区作为决策因子进行评价可以发现，武汉市 88 格规划编制单元商业活动需求较高的区域大都在评价值

0.5 ～ 1 的区间内，由此预测编制单元的商业需求程度，同时借助同人口密度分布的叠加，可以发现各编制单元商业需求的合理性。从而，根据人口密集度、各单元商业设施现状确定商圈等级和商业业态配置。

③ 可以进行城市商业空间结构的评价，以指导城市商业空间结构优化布局。从评价模型提取的适宜商业用地分布图可以直观地发现，武汉市商业呈现的是单中心发展的空间结构，商业集中分布在江汉区，这对于一个城市常驻人口 1 100 万，城市化率 79% 的城市而言并不合理，需要尽快推动多圈层、组团化的商业空间布局优化。

由于本节选取的是“苍穹”平台的出租车出行数据作为主要的数据源，而城市热点区的提取可以有多种数据途径，如出租车 GPS 数据、手机信令数据、POI 数据等，因此，难免会存在细小的差别。但是，数据分析和模型运用在数据挖掘和规划评价的结果值得借鉴。利用出租车为基础的智能出行大数据，能够反映出交通参与者在城市地理空间中的动态分布状况，而这种动态的时空分布直接反应出一系列跟空间布局、交通配置、土地利用、空间治理等与空间规划决策直接相关的重要因子。建立一套基于大数据和城市空间信息相融合的分析方法，以空间信息大数据和公共活动大数据技术为基础，能够为城市空间规划的布局提供一种智能化的决策支持方案。

在今后的研究中，可以通过更加丰富、详尽和及时的数据与方法，来进一步计算城市内部各个要素与商业用地布局之间的空间相互关系。随着数据的丰富和技术方法的进步，基于大数据的城市商业用地布局评价方法研究将会进一步走向智能化。

3.2 城市商业空间结构演化规律的探索：多中心格局下的城市商业中心空间吸引力变化——上海市浮动车 GPS 时空数据挖掘

有关城市空间结构的讨论是城市地理学的经典话题。20 世纪的研究主流多围绕以芝加哥学派为代表的单中心同心圆模式 [13] 及其随后发展的扇形理论 [14] 和多核心模型 [15]，以及阿朗索地租模型等展开。这些研究以工业化城市物质空间为主要对象，发展了一系列城市经典模型的研究。然而，此类研究到 20 世纪末受到来自后现代城市主义学者的挑战，以洛杉矶学派为代表的研究者们认为，城市需要关注包括全球—本土关联、社会极化、再地域化（reterritorialization）等问题，特别是再地域化和破碎化过程是对芝加哥学派的直接批判 [16, 17]。有关城市是否仍然是结构化的问题，以及基于结构化的一系列经典模型是否合理也引起争论。因此，对这些传统模型的验证具有重要的理论意义。

与此同时，城市多中心化及多中心网络城市区域现象逐渐受到广泛关注，研究对象涉及多个不同尺度和地区，如对城市尺度的洛杉矶、芝加哥等的研究[18, 19]，和对区域尺度的包括来自亚洲、美洲和欧洲等地巨型城市区域的研究[20-22]。前者侧重于探讨多中心城市的识别[23]、多中心城市的形成[24]、郊区中心对大都市区城市结构和对地价的影响[18]、多中心城市产生的效益[25]等。后者集中讨论作为一种新的巨型城市区域现象的多中心网络（polynet）节点之间的联系（人流、物流和信息流）、节点等级体系的塑造、空间经济及规划反思等[24, 26]。然而各国之间由于文化、交通和规划政体的差异，多中心城市与区域在空间表征方面也存在一定的差异[26]，尤其对于经历了体制转型与快速城市化的中国城市，其空间多中心化现象值得关注[27]。

已有对于城市尺度商业中心的研究主要讨论商业中心的界定、功能与问题[28-31]等，而对微观机制探讨不足[32]。相关研究则着眼于主要空间变量，如空间区位[33]、空间结构和规模[28]、空间规划设计[34]等，而有关中心功能分化及多中心背景下经济和社会活动本身的交通吸引及其在多中心间引发“流”的空间的关注仍较缺乏。

总之，在全球化、市场化和信息化等作用下，这一系列城市多中心化、破碎化和网络化格局等新现象的出现挑战了传统基于单中心假设的城市模型[35]，也给地理学带来新的议题，空间是否依然存在逻辑？新时代面临“地理学的终结”[30]还是“新地理学的起点”[31]等成为理论界争论的焦点。尽管一些多中心城市的建模试图从理论上解释多中心城市体系形成的内在机理[38]，然而，实证研究的缺乏令一些理论和模型的说服力受到质疑[39]。在多中心格局下，结构化的空间逻辑是否已经消失？传统的地理空间的距离衰减性是否存在？空间的相互作用有哪些关系？受到哪些因素的干扰等为实证研究提出了一系列新的问题。

近年来，数据挖掘技术的突破和海量时空数据的生产，为城市空间结构理论的验证提供了一个新的视角，海量数据已被用于城市空间结构的研究。基于手机定位、浮动车（FCD）和远程交通微波传感器（RTMS）等终端数据的城市空间结构或者交通需求研究和方法得到迅速发展[40-45]，但有关空间结构与交通的关系经典理论问题研究仍有待深入。

改革开放以后，随着中国经济的飞速发展，城市化进程的迅速推进，许多城市都在经历一个快速集聚和饱和，传统商业中心不能满足城市发展的需求。20 世纪 90 年代，在政府的引导下，北京、上海、深圳等城市都开始规划和建设新的商业中心，在国内推起一股城市中心规划建设热潮。然而，这些由政府主导的新商业中心，有成功的经验，也有失败的教训[46, 47]。城市中心作为城市各类交流活动最便捷频繁的空间场所，其规划的成功与否除了与物质性空间要素有关外，新商业中心的选址是否满足出行的客观规律也是一个重要的因素。本章节试图通过上海的出租车 GPS 数据（后文简称浮动车数据），在识别出上海市两个主要商业中心基础上，验证商业中心交通吸引以及之间的相互作用关系客观规律的存在性，探讨这些空间规律主要的扰动因素，对回答针对结构主义的质疑和城市多中心化传统模型的适用性方面提供理论补充。

3.2.1 数据和方法说明

1. 数据说明

选取上海作为案例地，原始数据为 2016 年 4 月上海出租车公司提供的浮动车数据。数据每隔 5s 左右采集一次，由于 GPS 数据信号接收时会受到高层筑物和桥梁等的遮挡，实际获取的数据每辆出租车间隔的时间并不均匀。记录的基本信息包括出租车在该时间点的经纬度、速度、方位、载客状态和有效性等。本章节选取基于 GPS 数据统计得到的浮动车 O/D 点数据进行分析（图 3-30）。

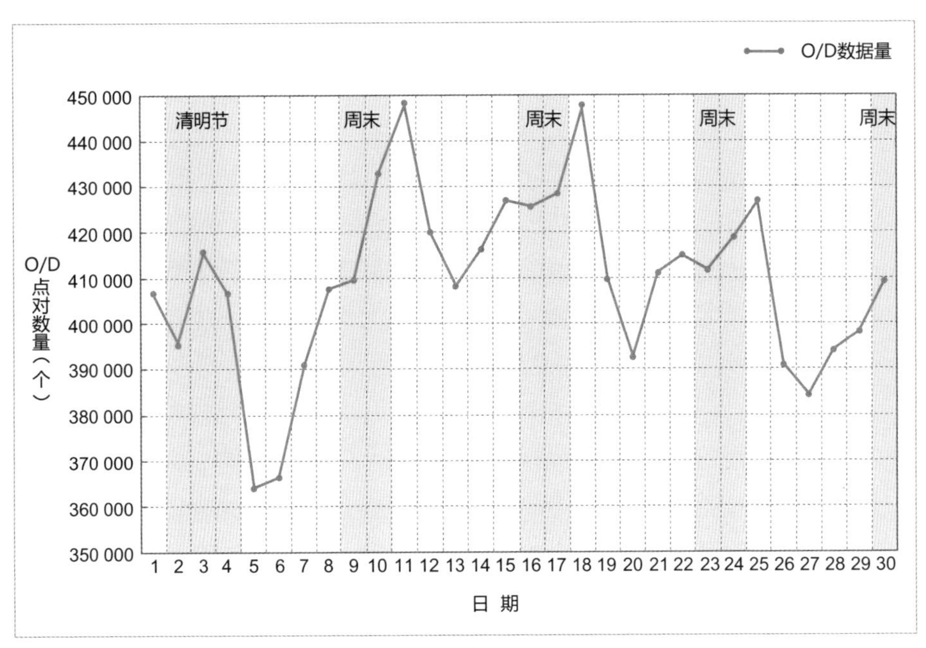

图 3-30 2016 年 4 月出租车 OD 点对数量统计

根据出租车 O/D 点对数量统计结果可以发现：①出租车用车量呈现以周为单位的周期性波动规律，用车高峰出现在周一，并在周三达到波谷，随着周末假期的临近小幅回升，这与出租车作为辅助公交系统的功能特性有关；②就出行目的而言，工作日出租车出行主要以工作通勤为目的，周末及假日出租车出行主要以出游、购物或探访为主。为研究出租车与商业空间的关系，初步选取假日及周末的出租车数据为目标数据，为保证数据选取的合理性，进行了分析验证。

以 500m×500m 单元格为基本单元，分别计算 2016 年 4 月 3 日（清明节）、7 日（周四）、10 日（周日）外环以内每个单元格的起讫点（O/D）总数，进行离差标准化之后，再分别计算这三天的变异系数，结果发现 4 月 3 日（节假日）的变异系数最大，说明节假日商业中心得到强化，因此，选取 4 月 1 日至 4 月 7 日（包含清明节 3 天假期）的浮动车 O/D 点数据，共计约 549 万条记录作为研究数据。

2. 研究方法

(1) 对海量浮动车数据起讫点（O/D）的匹配；

(2) 起讫点数据热点分析；

(3) 城市商业中心吸引 O/D 点的核密度空间分析；

(4) 构建 O/D 点对的距离与点密度幂函数引力模型；

(5) 利用该引力函数模拟城市商业中心 O/D 吸引量的理论值空间分布情况，并与实际各自的吸引值的空间分布对比，分析理论与实际的差异以及背后的原因。

3.2.2 基于浮动车 GPS 数据的上海市主要商业中心识别

在空间研究中，边界是甄别空间差异性的基本范畴，目前，主要采用的商业中心定界方法有机动车交流量和行人流量定界法、知觉研究定界、人口分布定界等。也有学者探讨了通过就业密度 [48]、就业居住比例 [49]、通勤模式等界定城市中心区的方法 [50]。这些方法普遍存在阀值设置等争议，且往往需要充分的经济和人口普查数据。本研究提出一种基于浮动车 GPS 数据的商业中心的识别方法，以遥感影像为底图，结合起讫点密度分布以及城市规划资料和现场踏勘，初步划定 2 个商业中心。对研究区域划分网格，考虑到中国城市规划次干道的间距平均为 500m 左右，设置网格的大小为 500m×500m，以落在网格内的点个数表示点密度，计算全部浮动车起讫点在网格中分布的平均值，以完全落在初步划定的商业中心的网格为种子，向外计算其相邻网格的密度是否落在平均值的 10% 浮动范围内，若是，则可划分为商业中心的范围，否则，则停止向外计算相邻网格。如此，则可识别出人民广场和静安寺商业中心的空间范围和位置（图 3-32）。

3.2.3 上海市主要商业中心的浮动车交通吸引及相互作用关系

在前文识别出的商业中心范围基础上，分别识别出落在人民广场和静安寺商业中心的起点（O）和讫点（D），根据 O/D 点对，反推其对应的 D 点和 O 点；设置 500m 搜索半径，采用自然分段法（natural break）法划分核密度等级，分析两个商业中心所吸引的 O/D 点的密度分布；并进一步通过构建引力模型分析隐藏在空间背后的分布规律。

1. 浮动车交通吸引的空间分布

以 4 月 3 日（清明节假期）数据为样本进行核密度分析，结果表明：两个商业中心所吸引的浮动车 O/D 点主要分布在上海市内环范围内（即市中心区），并在主要对外交通枢纽（包括虹桥交通枢纽、浦东机场及上海火车站）、城市重要的消费生活性主干道（南京路、淮海中路）周边地区、

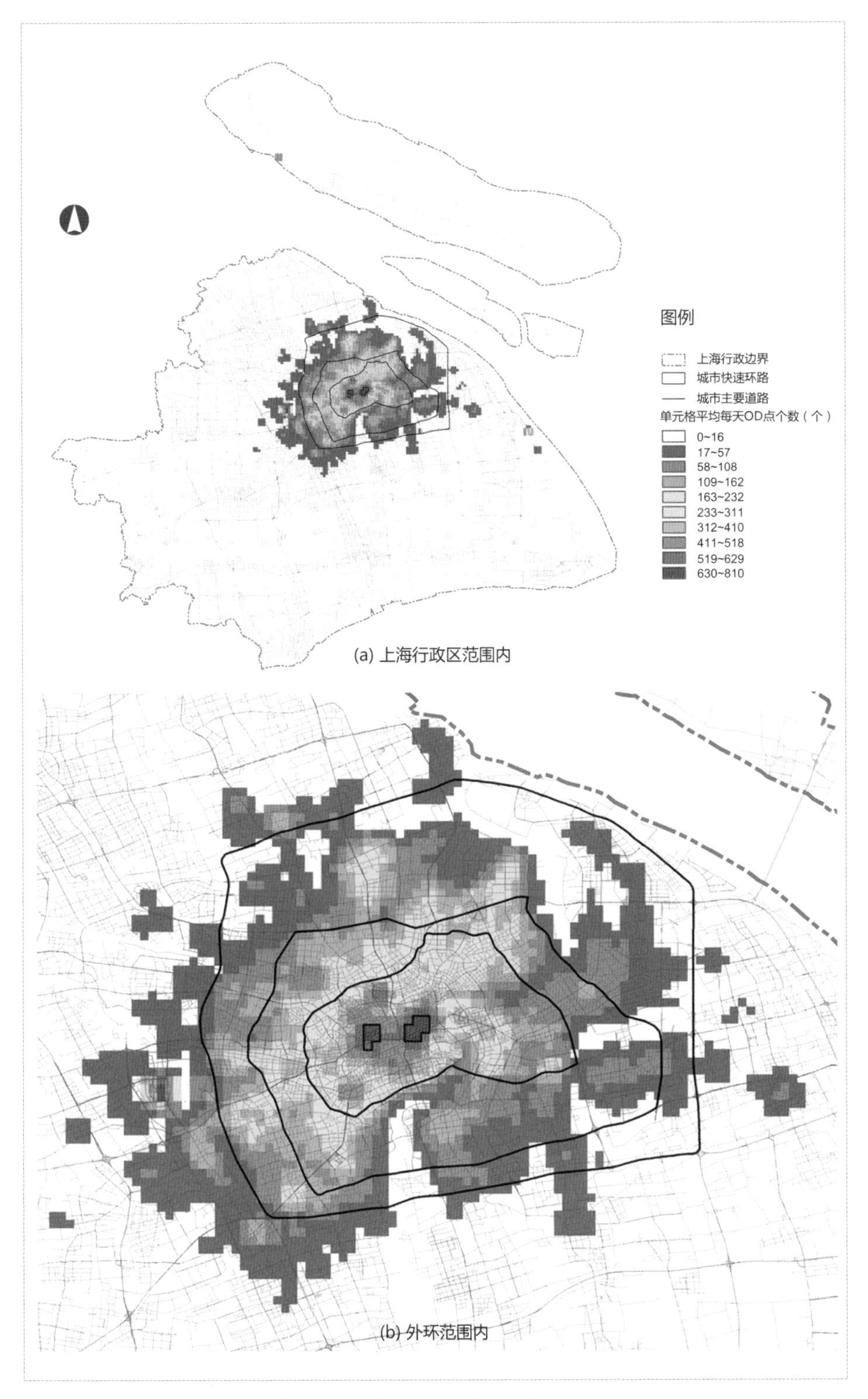

图 3-31 上海市主要商业中心的识别

城市商务中心（陆家嘴）以及其他主要的人口密集区（如徐家汇和五角场）形成高密度区域（图 3-31）。

两个商业中心吸引浮动车 O/D 点存在空间差异（图 3-33，图 3-34）。首先，在数量上，作为传统的商业中心，人民广场商业中心吸引的浮动车数大大超过静安寺商业中心，人民广场商业中心一天吸引的 O/D 点数为 15 061 个，

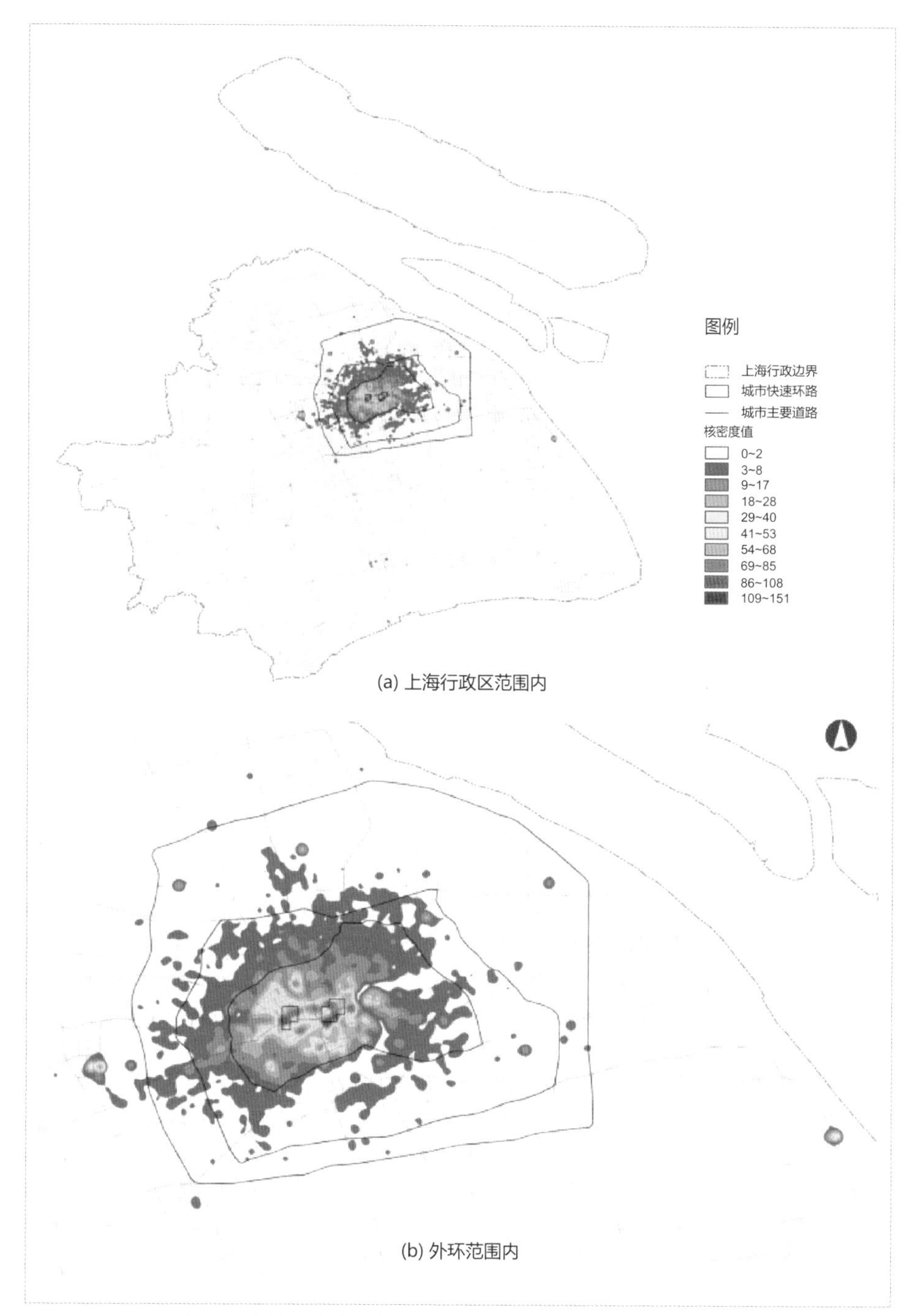

图 3-32 上海两个商业中心吸引浮动车 O/D 点的核密度分布情况

而静安寺商业中心仅为 10 303 个，是人民广场的 68.4%；其次，两个商业中心吸引的热点区域都集中在以商业中心为核心的一定区域范围内，且密度级总体上由某些热点区域中心往外扩散；第三，两个商业中心之间存在一定的互相吸引关系，即各自互为对方 O/D 吸引的热点区域，特别是人民广场商业中心，该中心吸引的主要热点区域之一便是静安寺商业中心；第四，两个商业中心存在部分共同的热点区域，即同时作用于某些区域，例如各大交通枢纽地区、重要的商业商务中心（如陆家嘴地区、徐家汇、打浦桥地区等）、主要的消费生活性干道如南京西路两侧地区；第五，两个商业中心各自吸引区在方向上存在一定的互补性，即静安寺商业中心主要热点区位于该中心周边地区及背离人民广场的方向，而人民广场商业中心的主要热点区除了部分来自静安寺商业中心和各大交通枢纽外，其他区域主要位于该中心周边及背离静安寺的方向。

2. 浮动车交通吸引及其相互作用关系模型

为了更进一步分析两个商业中心区交通吸引及其相互作用规律，本部分以 4 月 1 日至 7 日数据为样本，借鉴引力模型，分析了两个商业中心所吸引的 O 和 D 点密度与距离之间的关系，并探讨空间吸引的时间差异。

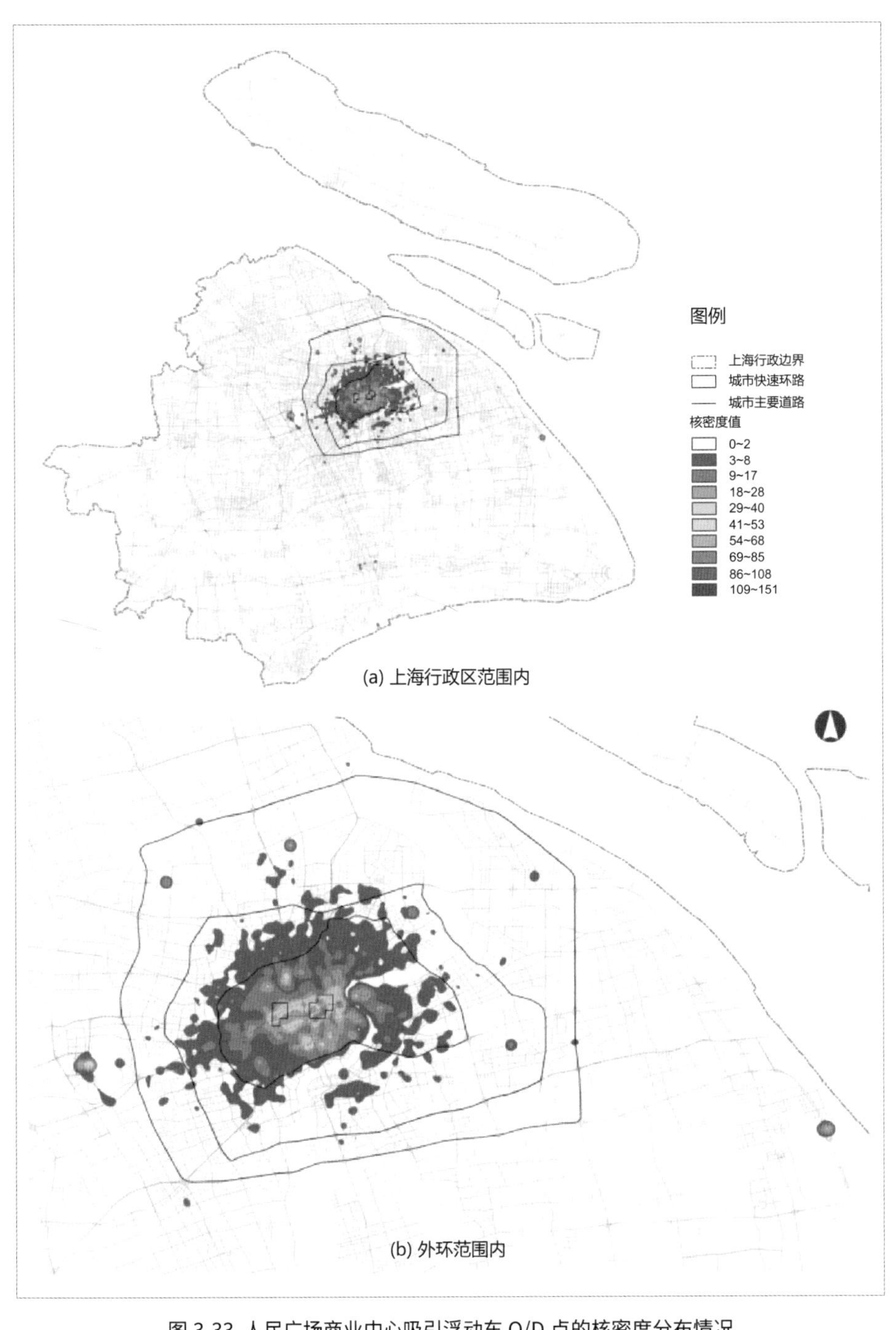

图 3-33 人民广场商业中心吸引浮动车 O/D 点的核密度分布情况

传统的城市引力模型假设一个城市吸引临近城市的贸易额与城市人口成正比，与两城中间的距离的平方成反比，即：

$$R_{ij} = \frac{P_i P_j}{d_{ij}^a}$$

（3-6）

式中，R_{ij} 为 i 城对 j 城的吸引力；P_i 和 P_j 为 i 城和 j 城的人口；d_{ij} 为 i

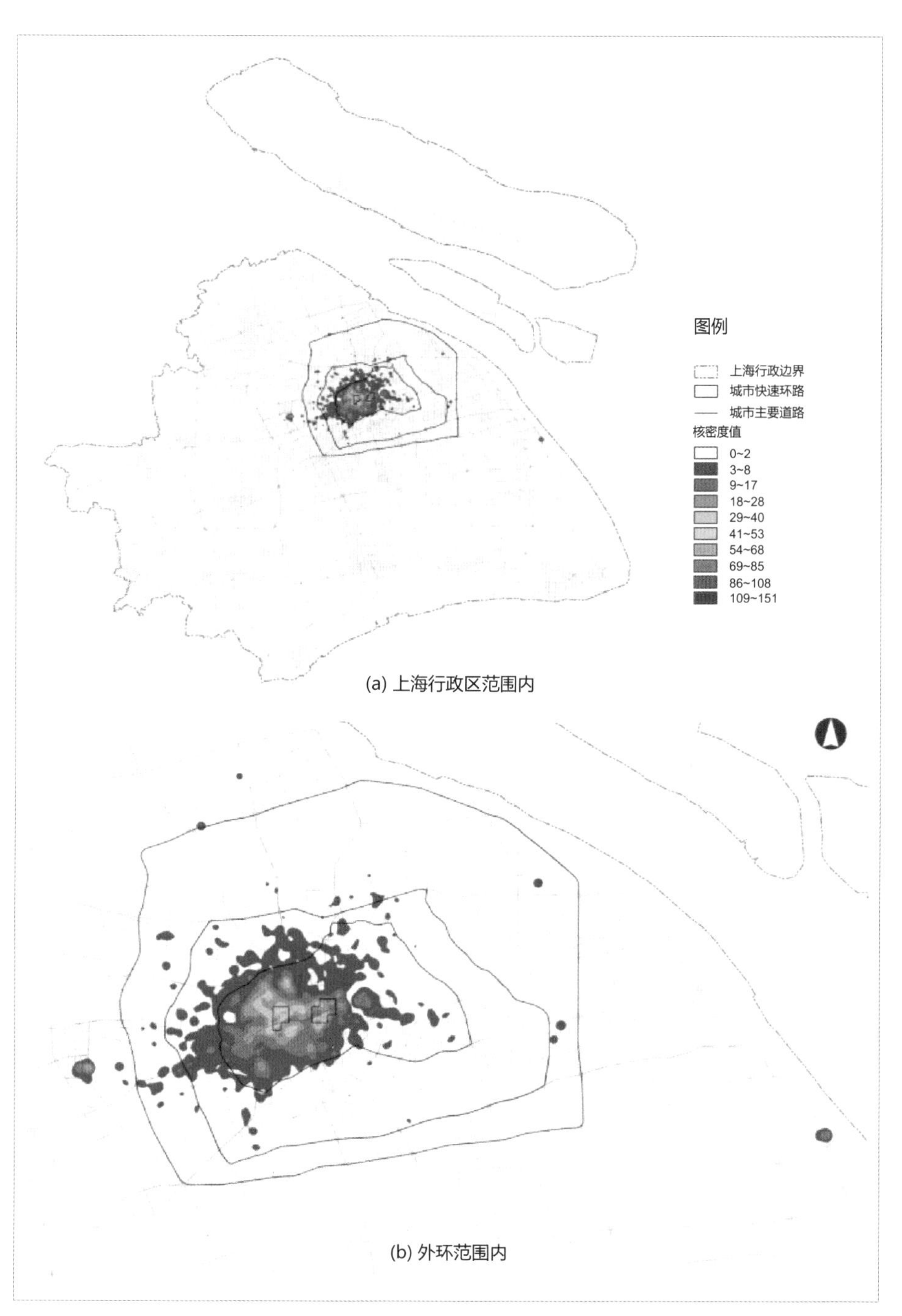

图 3-34 静安寺商业中心吸引浮动车 O/D 点的核密度分布情况

城与 j 城之间的距离。表示城市规模的 P 同样可以用其他指标来代替，如建筑强度等，而距离 d 上方的指数参数 α 大小则可以调整，与道路的便捷程度有关，路网越发达，参数值越大，反之则小。该公式表示当城市规模值确定时，城市对其他地区的吸引力大小与距离成负幂函数关系。

引力模型提出时的假设前提是平原地区，周边各区域到城市中心的可达性只与距离有关，且为单中心城市。作为复杂的双中心城市内部，其商业中心的吸引力是否也呈负幂衰减规律，商业中心间的相互作用是否对衰减规律产生干扰？本部分试图通过上海市人民广场和静安寺两个商业中心的浮动车 GPS 吸引量与距离的关系回答此问题。

分别以人民广场和静安寺商业中心为中心，以 500m 为间隔，在研究区域生成同心圆缓冲区，计算落在每个缓冲区环内单位面积上的 O/D 点数，拟合各种所吸引 O/D 点密度与距离的幂函数曲线（表 3-5，图 3-35，图 3-36）。

曲线原型为：

$$Y = aX^{-b} + c \tag{3-7}$$

式中，Y 指商业中心吸引的单位面积浮动车数，X 是距离，数据分析表明，人民广场和静安寺商业中心全部 O/D 点样本与距离之间拟合幂函数 R^2 分别是 0.959 和 0.957，具有很高的拟合度，可以看出人民广场和静安寺两个商业中心对城市其他地区的吸引力随着距离的增加而呈出明显的负幂衰减规律，从而验证了双中心城市中商业中心对周边地区的吸引力较符合引力模型所呈现的空间分布规律。

表 3-5 上海市双商业中心浮动车吸引与距离幂函数曲线关系主要参数

幂函数曲线主要参数	人民广场			静安寺		
	全部样本	背离静安寺方向样本	静安寺方向样本	全部样本	背离人民广场方向样本	人民广场方向样本
a	157 000	461 000	58 800	156 000	395 000	57 000
b	0.885	1.041	0.744	0.917 7	1.04	0.786 4
c	-18.24	-11.56	-28	-13.43	-10.14	-18.19
R^2	0.959	0.965 1	0.915 4	0.956 8	0.976 2	0.906

理论上，引力模型中吸引力的大小随着距离的增大，衰减越慢。而本案例可以看出，人民广场和静安寺两个商业中心的引力—距离关系曲线都在 500～1 500 m 的距离内迅速衰减，这与邻近商业中心的居民因为距离太近，以步行代替乘坐出租车而造成的偏差有关。其次，两个商业中心在距离 6～7

km 处吸引力几乎降为 0，这与人们心理上可以承受的出行时间和空间距离以及出租车出行方式的选择偏好有一定的关系。

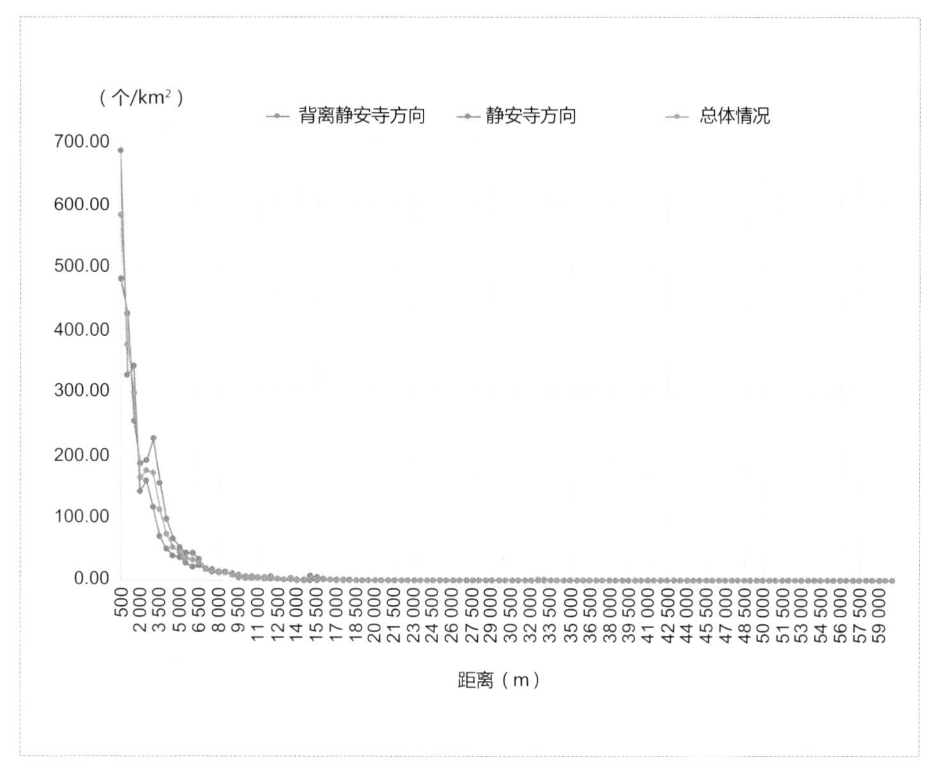

图 3-35 上海市人民广场商业中心浮动车吸引密度分布

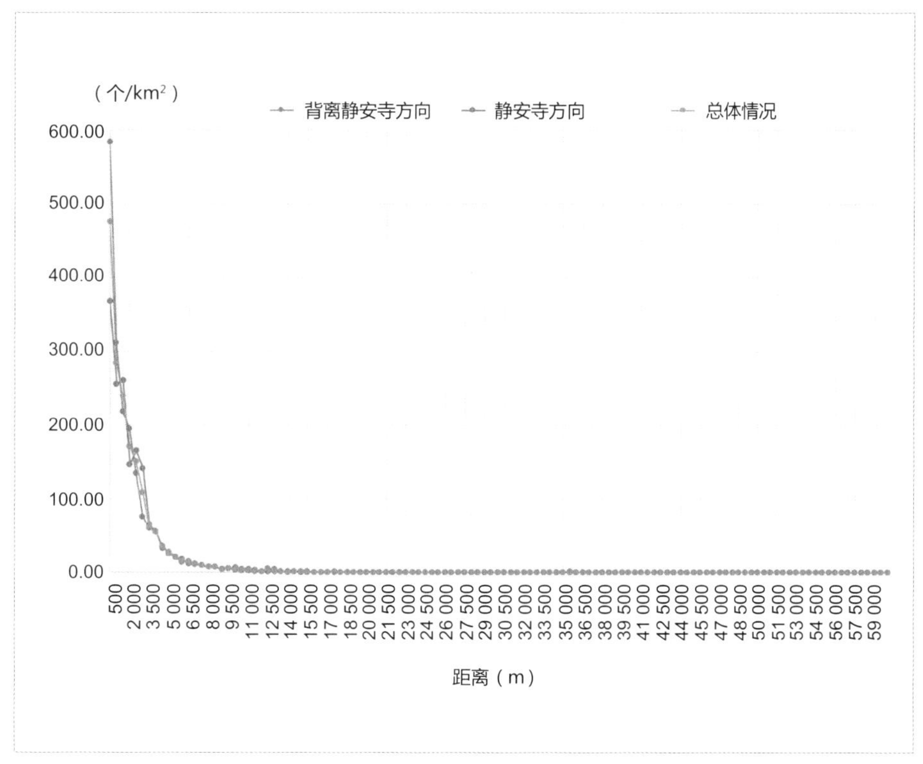

图 3-36 上海市静安寺商业中心浮动车吸引密度分布

两中心间存在一定的相互作用关系，表现在相互背离方向和相向方向的引力模型主要参数和图形存在差异。在人民广场和静安寺的 90°夹角方向，人民广场和静安寺两个商业中心对一定距离处的吸引力，分别生成按方向的吸引力与距离的关系曲线，如图 3-35 和图 3-36 中所示。可以看出，考虑方向异性的情况下，同样存在引力模型所表现的距离衰减规律，虽然引力模型在理论上对双中心城市可行，但是由于两个商业中心的相互竞争的关系，在人民广场和静安寺两个商业中心连线的方向上一定距离内，两个商业中心都对该区域的吸引力有较大的扰动。即：分方向的 R^2 与全部样本的 R^2 值存在较大的差异，背离方向上的曲线拟合度更高，但是相向方向的曲线局部受到较大的扰动。人民广场和静安寺分别在距离中心 1 500 m 和 1 250 m 左右，有一个小的高峰。对照图 3-31 可见，距离人民广场中心 1 500m 左右的缓冲区内有外滩、南京西路、黄陂南路等人流相对集中的区域；距离静安寺中心 1 250 m 左右的缓冲区内有陕西南路、江苏路等片区。因城市并非均值地域，商业中心区交通吸引的空间衰减规律受到城市其他相关功能区的影响而发生局部的变化。而这些变化也隐含着城市中存在一系列与商业中心活动有密切关联的空间节点。特别是对于对于 20 世纪 90 年代之后形成的新城市商业中心，人民广场商业中心的空间衰减曲线受到同是商业中心的静安寺商业中心的影响较大，在与其同向上发生较大的局部变动。相比而言，传统的商业中心如静安寺商业中心受到人民广场的影响较弱，表现为与人民广场同向的曲线局部变动幅度不大，且静安寺所在的位置曲线未出现大的变动。此外，根据幂函数的数学规律，当 X 的取值

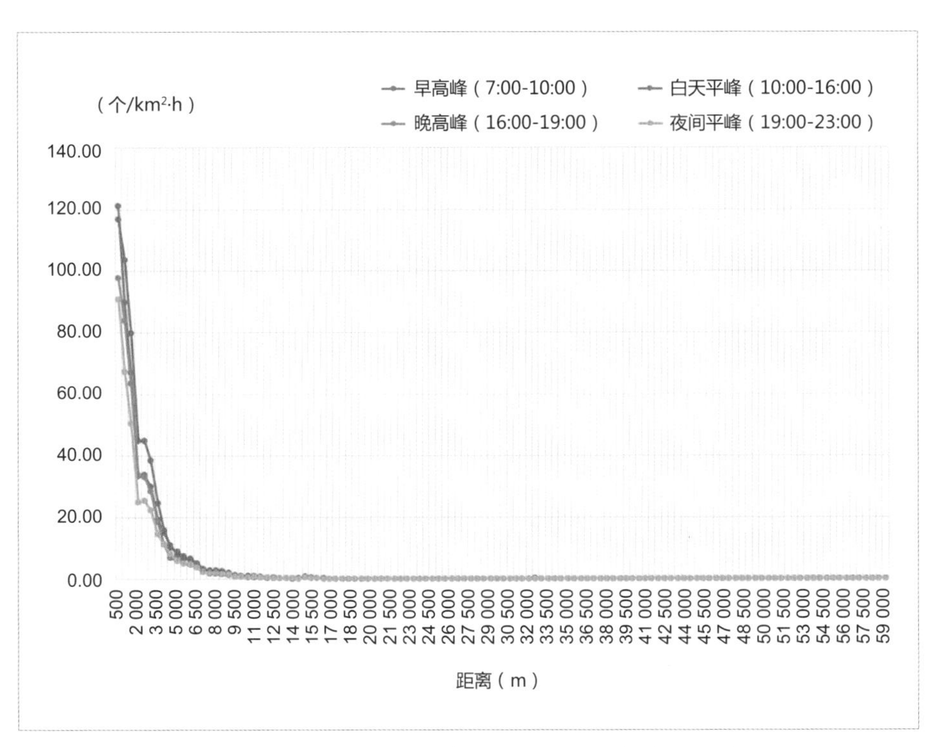

图 3-37 上海市人民广场商业中心浮动车吸引密度时间差异

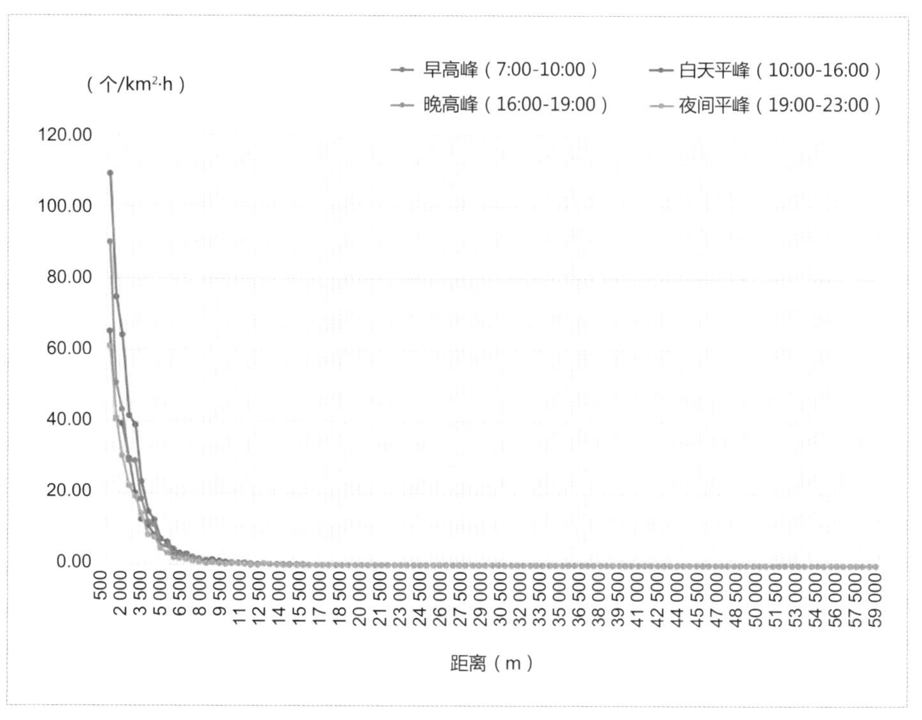

图 3-38 上海市静安寺商业中心浮动车吸引密度时间差异

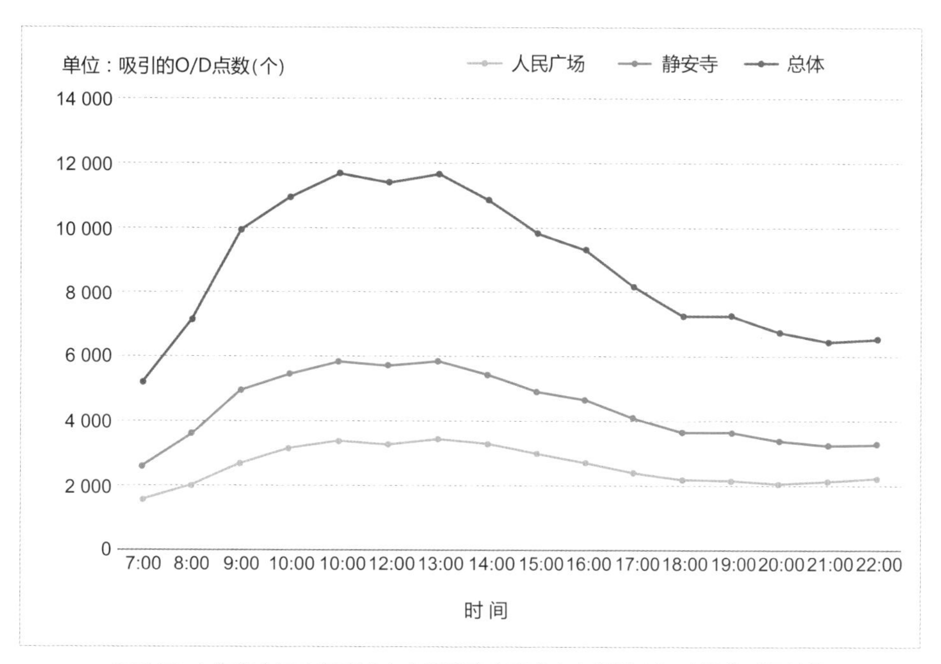

图 3-39 上海市人民广场商业中心和静安寺商业中心吸引 O/D 点数的时间差异

大于 1 时，b 的取值越大，则距离衰减越快，反之，b 的取值越小，则距离衰减越慢。对比两个商业中心不同方向引力模型的参数，可以看出，静安寺商业中心相向人民广场商业中心方向的距离衰减系数 b 大于人民广场商业中心相向静安寺商业中心方向的距离衰减系数 b，可以验证人民广场商业中心受到静安寺的影响相对较弱。而静安寺商业中心背离人民方向的距离衰减系数 b 远大于相向静安寺方向的距离衰减系数 b，人民广场商业中心的规律亦是如此，则说明人民广场和静安寺对周边地区有绝对的商业吸

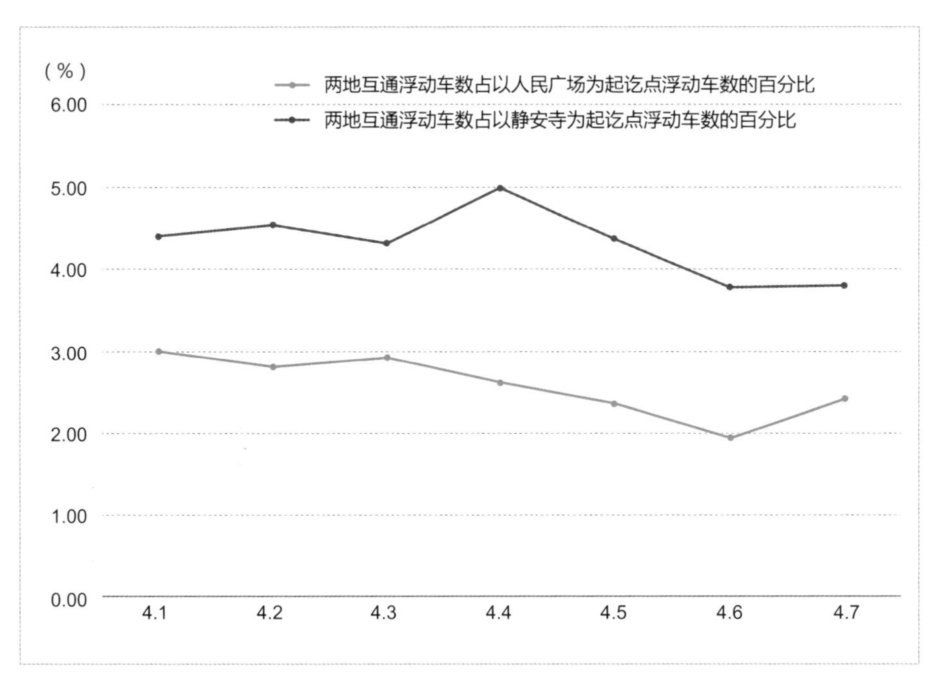

图 3-40 上海市人民广场商业中心和静安寺商业中心两地互通浮动车情况

引，两大商圈共同发力，构成了上海市占有绝对主导地位的大型商业片区。

在时间上，计算 7 点到 23 点四个时段两个中心区吸引浮动车数量的变化情况可见，基本上各个时段两个中心区所吸引浮动车量与距离同样存在比较明显的幂函数曲线关系，各曲线的形态比较接近，基本上都在距离中心 6 ～ 7km 处吸引力几乎降为 0，且在距离人民广场商业中心的 1 500 m 和距离静安寺商业中心 1 250 m 范围都出现一定程度的扰动（图 3-37，图 3-38），以人民广场更为显著。总体上，O/D 吸引总量从上午 7:00 开始逐步增加，到中午 11 点至 13 点达到峰值后，两个中心的吸引量都存在一定程度的下降，18 点以后晚高峰存在小幅回升。这在一定程度上反映了出租车作为辅助公交系统的特性，以及其体现出来的居民购物、游憩等活动的时空规律（图 3-39）。

与此同时，两个商业中心存在一定比例的互通活动，即从一个商业中心到达另一个商业中心的活动。在清明节三天假日（4 月 2 日至 4 日）内，互通活动的比例总体上呈上升趋势，意味着多目的的购物行为比例在假日期间相对频繁。静安寺商业中心的互通活动比例比人民广场的比例高（图 3-40）。

3.2.4 上海双商业中心服务范围模拟及其与现实的差异

1. 基于浮动车交通吸引及相互作用关系的商业中心服务范围空间模拟

引力模型可以被用来界定各商业中心的分界点和服务范围。吸引力分界点是指在这一点（即断裂点），相邻两个城市对该点的吸引力达到均衡状态，靠近哪个商业中心的一侧，哪个商业中心的影响就占主导地位。在

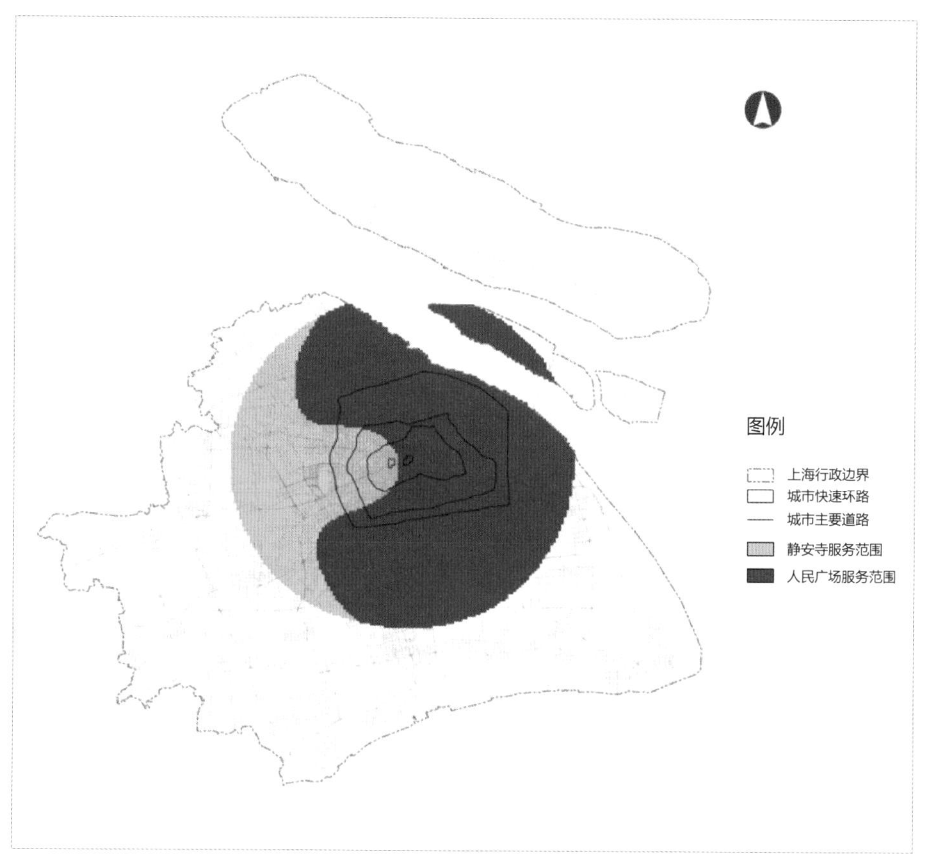

图 3-41 上海市双商业中心服务范围模拟

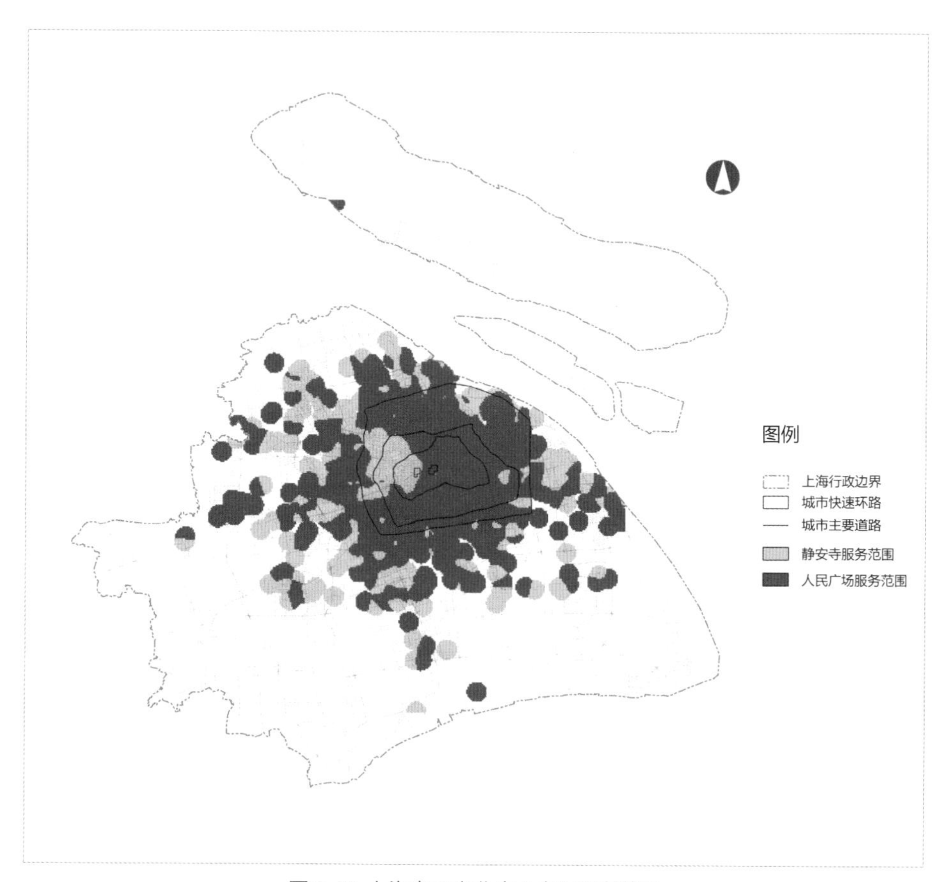

图 3-42 上海市双商业中心实际服务范围

引力模型的假设前提下，当两个商业中心的规模相等时，吸引力分界点的位置即为两个商业中心结点连线的中间位置。而由于商业中心规模大小的不相等，断裂点的位置不会正好在两个商业中心连线的中间位置，会有所偏差。由于实际上交通可达性的不均匀和地区人群偏好等原因，各商业中心的吸引范围也会与理论上的吸引范围有所偏差。本章节将通过划分双中心城市各商业中心服务范围，同时与理论值进行比较，分析差异的存在和原因。

根据前文得出的人民广场和静安寺商业中心的浮动车吸引与距离关系的引力公式，分别计算理论上两个商业中心对其他地区的吸引力，网格大小取 250m×250m，通过比较每个网格受到两个商业中心吸引的引力值大小，而划定理论上人民广场和静安寺两个商业中心各自的服务范围（图 3-41）。

2. 浮动车交通吸引及相互作用关系的模拟结果与现实服务范围的差异

对现实商业中心服务范围的界定是：根据人民广场和静安寺商业中心吸引的起讫点，分别计算两个商业中心在各网格的核密度值，网格大小为 250m×250m，搜索半径设为 1 750m（主要依据是 ArcGIS 中默认搜索半径为研究矩形最短边除以 30，考虑到 250 的整数倍，取最接近值），然后对网格做两个商业中心核密度值的差值计算，若网格中静安寺商业中心区的核密度值大于人民广场商业中心区，则将该网格划分为静安寺服务范围，反之亦然，从而划定静安寺和人民广场商业中心的服务范围，以此表示实际的商业中心服务范围（图 3-42）。结果表明，尽管两个商业中心的服务范围存在一定程度的交错现象，但总体上仍呈现出临近性的规律，即而静安寺的主要服务区位于市区西部，除此之外，由于人民广场是全市交通中心，其服务区范围更为广阔，遍布全市，这说明交通吸引范围将随着交通可达性的提升而扩大。同时，在两个商业中心连线的位置，存在明显的断裂现象，即：在靠近静安寺商业中心的一侧，静安寺的服务强度高于人民广场的服务强度，而在靠近人民广场商业中心的一侧，人民广场的服务强度高于静安寺的服务强度，说明基于传统引力模型的空间断裂点理论在双中心城市中有一定的适用性。

同理论值划分的服务范围相比，可以看出理论与实际存在一些偏差。交错出现的“斑块”主要位于外环线以外；特殊的城市功能区会干扰空间衰减规律，如：在靠近静安寺的西侧，有一块区域静安寺的服务强度强于人民广场的服务强度，该区域是长宁区及普陀区，由于静安寺为传统的商业中心，历史悠久，具有上海特色的历史文化氛围，周边环境接近地方特色生活，虽然近年来有对静安寺商业中心的改造和升级，但是其建设依然力求保护城市历史文化，保留地方特色，从而造成静安寺商业中心对这些老上海市民集中的区域的吸引力偏高。此外，人民广场西侧的几大公园和广场造成了该区域的可达性降低，从而影响人民广场商业中心对该区域的吸引强度，甚至影响其外围的区域。

3.2.5 结论与讨论

全球化、市场化、信息化等作用下新的城市多中心化现象挑战了传统基于单中心假设的城市空间结构理论问题。针对学术界关于新的背景下，城市是否是碎片化的而不再是结构化的，空间是否已经没有什么组织逻辑，传统的地理学空间衰减规律是否依然适用等争议，以上海市为案例，通过对海量浮动车 GPS 数据的时空挖掘，验证了在多中心背景下，城市商业中心交通吸引和相互作用的客观规律并探讨扰动客观规律的主要影响因素。

本章节首先探讨了新的城市商业中心识别方法，并在识别出上海市两个最主要的商业中心基础上，分析两个商业中心的浮动车吸引规律及其相关作用关系。研究表明，商业中心对浮动车的吸引在空间分布和时空关系上存在一定的规律性，总体上满足幂函数引力模型关系，存在比较明显的空间衰减规律，但受到一系列外在因素的影响，使理论值模拟结果与客观情况存在某种偏差，并在局部区间发生扰动。这些影响的因素除了包括来自空间作用本身的距离衰减因素外，还与城市空间布局和消费者行为等人文因素关系密切。空间布局因素包括城市发展的历史延续、城市其他人流密集的主要功能区之间的相互吸引、基础设施对可达性的影响、地形地貌（如水域和山地格局的影响）等。在人文因素方面，市场规律、人群消费水平、心理偏好等差异也会对吸引力随距离的衰减造成扰动。具体如下：

1. 多中心城市商业中心的交通吸引满足幂函数引力模型关系，存在比较明显的空间衰减规律及中心间的相互作用关系。

通过海量浮动车 GPS 数据的分析表明，地理学的空间衰减性在实际交通吸引中仍起重要作用，两个商业中心所吸引的浮动车数量与距离之间都存在相关性较高的幂函数关系。且这种关系在不同时间段都存在，只是局部受到其他因素的干扰而发生一定程度的扰动。双中心之间存在一定的相互作用关系，表现在两中心相向的方向扰动性大于相背的方向，相向方向上距离衰减系数的大小存在差异，两中心之间存在一定比例的互通关系，隐含着相互竞争与依存关系。由此可见，空间衰减性适用于以出租车为出行目的的交通行为，通过衰减规律探讨商业中心的关系和其他包括中心地理论等传统理论问题具有一定的可行性。可以推导，空间衰减性作为影响商业中心体系构成的看不见的手，对城市商业中心布局起重要的作用。

同时，分析也表明，两个商业中心之间存在一定的相互作用关系，主要表现在各自相向的方向，交通吸引幂函数曲线存在较明显的局部变动，而相反方向则曲线相对平滑。

2. 空间衰减规律因受到城市空间结构与布局的影响而在局部地区发生扰动。

由前文分析表明，两个商业中心各自有相对的市场区范围，但这些市场区范围受到其他空间要素的影响而产生局部的变化，总结对比商业中心实际服务范围与模拟范围的区别可以看出，除了满足空间衰减规律外，还受到以下主要因素的干扰和影响，包括：①实际服务区域与模拟结果有别的区域很多分布在高快速路等基础设施的周边，说明在这些设施的影响下的空间可达性变化对市场区选择产生一定的影响，基于时间的可达性在一定程度上替代了基于距离的可达性，对距离衰减规律产生部分扰动；②其他实际服务区与模拟结果有别的区域主要分布在人流集中的城市功能区，如商务中心、大型居住区以及特殊的地形地貌区域，如水域等，说明城市的空间格局，特别是主要人流集中区域和特殊地形地貌区域的格局对商业区的交通吸引和相互作用产生一定的影响。

3. 市场作用与消费者行为等人文因素是影响商业中心交通吸引与相互作用的另一只“看不见”的手。

作为我国重要的经济和金融中心，上海市城市空间迅速发展演变，浓缩了西方几百年的城市规划建设发展史，其中，大量的空间发展规律和模式在此验证并成为现实。在 1953 年苏联专家穆欣指导下编制的《上海市总图规划》中，规划 20 年后城市总人口仅为 500 万 ~600 万；1986 年国务院批复的《上海市城市总体规划方案》中，规划到 2000 年全市人口控制在 1 300 万人左右；2001 年国务院批准的《上海市城市总体规划（1999— 2020）》中，规划 2020 年全市人口规模为 1 600 万人；到了 2016 年，最新一版总体规划《上海市城市总体规划（2016—2040）》中，规划 2040 年人口控制目标 2 500 万人。在不断突破人口规模的城市发展进程下，城市以人民广场为中心向外逐步发展，首先形成了“四街四城”八个市级商业中心，即淮海路、南京东路、南京西路、四川路；豫园商城、徐家汇商圈、新客站不夜城、八佰伴时代广场。随着城市超乎寻常的迅速扩张和更新，原有的商圈也逐渐更替，目前形成了以人民广场、静安寺为中心、徐家汇、五角场为商业副中心的城市商业格局，除了从传统商业中心中脱颖而出（人民广场、徐家汇等），新形成的静安寺商业中心的发展，在某种程度上是市场选择的结果，这种市场选择客观地反映了商业地产选址的客观规律，即与原有的商业中心保持一定的交通吸引空间衰减距离。

此外，作为购物、游憩等消费集中地，商业中心的交通吸引也离不开消费者行为等人文因素的影响，业态在一定程度的互补性促使两个商业中心之间相互依存并存在一定比例的互通交通。例如，当居民点到两个商业中心的距离相等或者相近时，距离不再成为选择到某个商业中心购物的限制因素，由于个体消费水平、偏好，以及购物目的的不一样，两个商业中心的商业业态等方面的差异，会成为影响个体选择主导因素。人民广场作为上海市传统的商业中心，其业态主要是沿街布置的批发零售小店、沿南京路布置的中低档专卖店商场和地方特色餐饮店，消费者多来此逛品牌专卖店和其他小店面；而静安寺作为上海新发展起来的现代商业中心，主要商业业态较为丰富，以集合休闲娱购于一体的商业建筑占主体，来此的消费者多具有多元化消费需求，且消费水平多偏中高档。这是人民广场和静安寺两个商业中心的差异化发展的结果，它们之间形成竞争关系，吸引着不同的消费人群，使得距离不再成为二者吸引力随距离衰减的唯一因素。

由于本章节选择浮动车 GPS 数据作为主要的数据源，对分析多种类型的复杂交通行为在代表性方面存在一定的偏差，但反映出的客观规律仍值得借鉴。有关多模式交通吸引的研究将在后续研究中深入探讨。

3.3 城市商业空间布局规律和特征的探索：上海市零售商业空间布局及其与人口耦合关系研究

随着全球经济的快速发展和我国改革开放的进一步深化，城市和区域内部产业结构不断优化升级。城市逐渐由生产型向消费型转变，商业服务业逐渐成为城市经济增长的主要动力。城市商业空间结构既是社会经济活动集中的表现，又是决定城市进一步发展的基础，商业空间结构是否合理，是否地尽其用，将影响到城市聚集经济的效益是否最大化；商业空间与人口分布是否协调。是否接近消费者，将影响到居民日常生活是否便利化。

上海开埠以来的商圈格局演变基本上可以分为三个主要阶段：①开埠后直至 20 世纪 90 年代后期，这个阶段逐渐形成的商业中心主要由百货商场构成，直至 20 世纪末，上海共形成了 8 个市级商业中心：俗称“四街四城”，即淮海路、南京东路、南京西路、四川路；豫园商城、徐家汇商圈、新客站不夜城、八佰伴时代广场；② 2000 年以来，上海重点发展周边卫星城，众多购物中心度过培育期，形成了多达 15 个市级商圈，上海的多商圈格局真正形成；③ 2015 年开始，城郊及远郊购物中心升幅显著，大中型商业项目的数量已超过 200 家，传统市中心商圈格局彻底打乱，上海的商业空间正呈现多维度多元化发展趋势。近些年来，城市人口的空间分布也发生了巨大的变化。因此，客观分析上海各类商业分布特征，探讨其与人口的耦合性，对于合理布局城市商业空间，更好地发挥城市商业的服务功能有重要的意义。

20 世纪 30 年代以来，国内外商业地理学研究日渐活跃，专题研究不断深入，从研究对象上来看国内外对商业空间的研究。大致可分为商业空间结构研究、商圈研究和消费者行为研究几个方面。其中，对城市内部商业空间结构的研究，主要包括商业网点空间结构研究，商业活动空间结构和商业区位选择研究几方面。如，道森（Dawson，1980）提出了“零售业区位选择的制度框架”，将深受外界条件影响下的组织形式、活动技术，商品、政策和区位间的互动一起纳入城市商业空间结构的研究之中。戈奥和格兰格（Ghosh 和 Gralg，1984）提出区位分配模型，它分析了现在以及将来的竞争环境下区位分布的合理性”。拉斐尔（Rafaelsuarez—Vega，2012）等运用 GIS 技术和区位竞争选择模型建立了一个城市零售业区位选择的辅助决策工具。同时，还有学者针对不同的城市进行了城市商业空间结构的实证研究。我国学者从 20 世纪 80 年代开始也借鉴国外理论对北京、上海、广州、西安等城市商业空间结构进行了实证探讨。如刘胤汉等运用中心地理论和系统论等原理，对西安市城市商业网点的合理结构与优化布局进行了深入研究。仵宗卿等通过重构 Parato 公式，运用 GIS 技术和因子分析等综合技术方法，研究了北京市商业活动空间结构、时空结构、地域类型结构和商业中心区位演化等问题。张殉等利用 GIS 点模式分析法，对比研究了 2004 年和 2008 年北京市商业网点分布与空间集聚特征。柴彦威等、王德等基于居民消费行为对城市商业空间结构进行了研究。

从以往的研究来看，关于城市商业空间结构的研究起步较早，形成了一系列理论、方法及实证的成果，但其中，基于业态分类对城市商业空间结构进行的研究较少。此外，以往针对商业空间与人口耦合性的研究多集中在城市、街道等宏观尺度上，局部空间的关联研究或商业和居住空间关系的研究很少从城市人口集聚区的中观尺度探讨二者的耦合关系。因此，本章节从商业业态的视角，揭示上海市不同商业业态空间分布格局；在此基础上将城市人口空间化到居住小区，建立耦合度模型，探讨与居民日常生活紧密相关的商业网点与人口的耦合性，为城市商业空间结构的优化提供一定的科学依据 [51-76]。

3.3.1 数据来源与研究方法

1. 研究区及数据来源

上海市商业空间主要集中在中心城区和近郊区，2015 年开始呈现向城郊及远郊购物中心布局的趋势，因此研究团队选择上海全域为研究区域。

POI (Point of interest) 即兴趣点，泛指一切可以被抽象为点的地理实体，尤其是与人们生活密切相关的设施。是导航电子地图的重要内容，包括名称、地址、类别、电话、经度、纬度等方面的信息。本研究选取百度 POI 数据，经过纠偏和地址匹配，筛选提取出研究区内商业点信息共 306 210 条，并通过抽样调查、电话询问，实地走访等方法确定数据真实可用。由于兴趣点能很大程度地增强对实体位置的描述能力，提高地理定位的精度和速度，其已经被广泛地应用于城市空间结构的研究中。

为了突出研究商业和城市居民日常生活服务的侧重点，以数据的可获得性为基础，选取零售商业为主要研究类型。在我国现行实施的业态分类标准《零售业态分类 (GB/T18106—2010)》的基础上，将与居民日常生活关系不大的业态类型舍弃，将相似类型进行合并，最终确定 14 类商业空间，即商场、便民商店 / 便利店、家电电子卖场、超级市场、花鸟虫鱼市场、家居建材市场、综合市场、文化用品店、体育用品店、特色商业街、服装鞋帽皮具店、专卖店、特殊买卖场所、个人用品 / 化妆品店。各业态类型商业空间的数量和比例见表 3-6。进而将商业空间数据进行空间匹配，得到上海市零售商业网点分布图（图 3-44）。

表 3-6 上海市各类商业网点数量及比例

序号	类型	数量	Z值
1	商场	1 027	0.44
2	便民商店 / 便利店	22 217	9.56
3	家电电子卖场	11 669	5.02
4	超级市场	6 302	2.71
5	花鸟虫鱼市场	6 389	2.75
6	家居建材市场	46 393	19.97
7	综合市场	19 517	8.40%
8	文化用品店	2 213	0.95
9	体育用品店	2 547	1.10
10	特色商业街	289	0.12
11	服装鞋帽皮具店	46 181	19.88
12	专卖店	64 985	27.97
13	特殊买卖场所	576	0.25
14	个人用品 / 化妆品店	2 022	0.87

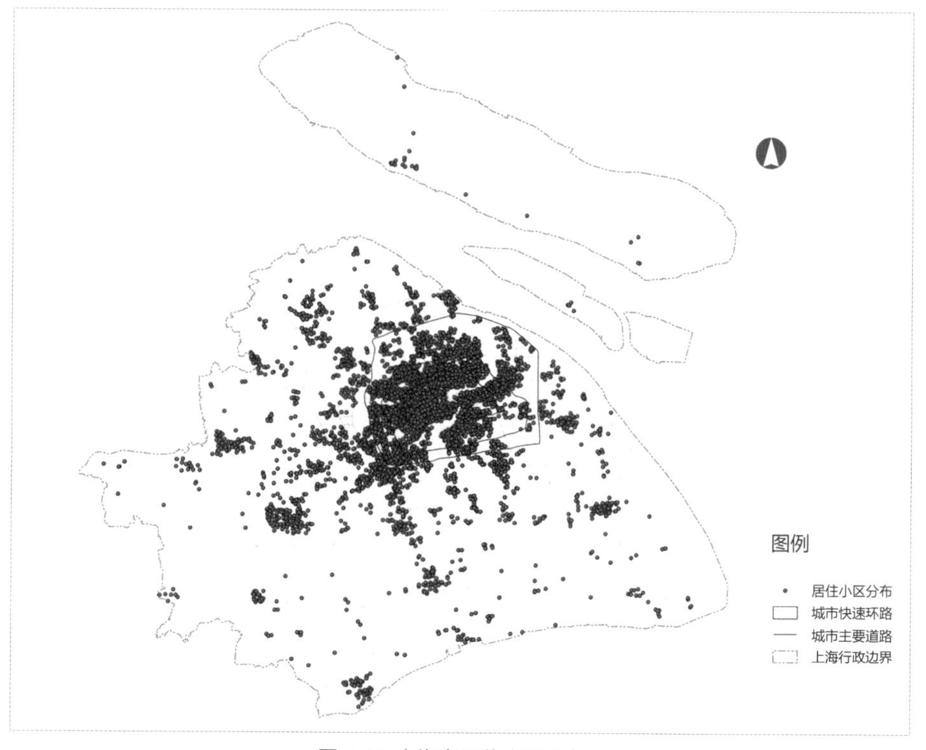

图 3-43 上海市居住小区分布

此外，通过网络信息搜索，获取了上海市全域全部二手房居住小区的详细资料（获取时间为 2016 年 10 月）。为避免网络采集的数据存在误差，笔者分别采集了搜房网（http://www.fang.com/）和安居客网（http://shanghai.anjuke.com/）两大主要房地产信息服务网站的数据，其属性包括容积率、建筑面积、用地面积等，为尽量保留数据量，部分缺少建筑面

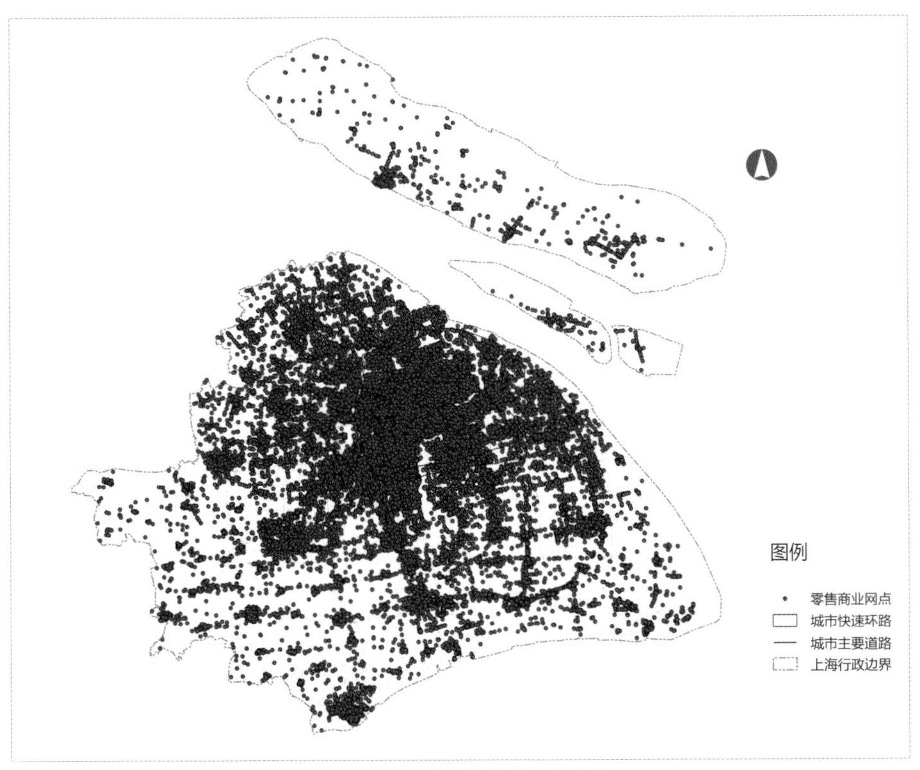

图 3-44 上海市零售商业网点分布

积的样本通过容积率和用地面积之积进行补充。分别获得搜房网 6 081 个小区样本、安居客网 9 896 个小区样本。通过空间匹配得到上海市居住空间分布图（图 3-44）。同时，获取了上海市第六次人口普查的街道人口及街道空间等数据（图 3-45、图 3-46）。

2. 商业空间格局分析方法

（1）核密度分析

核密度（Kernel）分析法是空间分析中运用非常广泛的非参数估计方法，由 Rosenblatt（1955）和 Emanuel Parzen（1962）提出，用于计算要素在其周围邻域中的密度。该方法以特定要素点的位置为中心，将该点的属性分布在指定阈值范围内（半径为 r 的圆），在中心位置处密度最大，随距离衰减，到极限距离处密度为 0。通过对区域内每个要素点依照同样的方法进行计算，并对相同位置处的密度进行叠加，得到一个平滑的点要素密度平面。表达式为：

$$f_h(x)=\frac{1}{nh}\sum_{i=1}^{n}K\left(\frac{x-x_i}{h}\right) \tag{3-5}$$

式中，$K(\cdot)$ 为核函数；r 为阈值半径；n 为点状地物个数；x-x_i 为估计点 x 到样本 x_i 处的距离。为了能够准确反映商业点的分布特征而又不至过于细节化，研究团队经过反复试验，选取 2 km 为距离阈值。

图 3-45 上海市六普街道人口数量统计

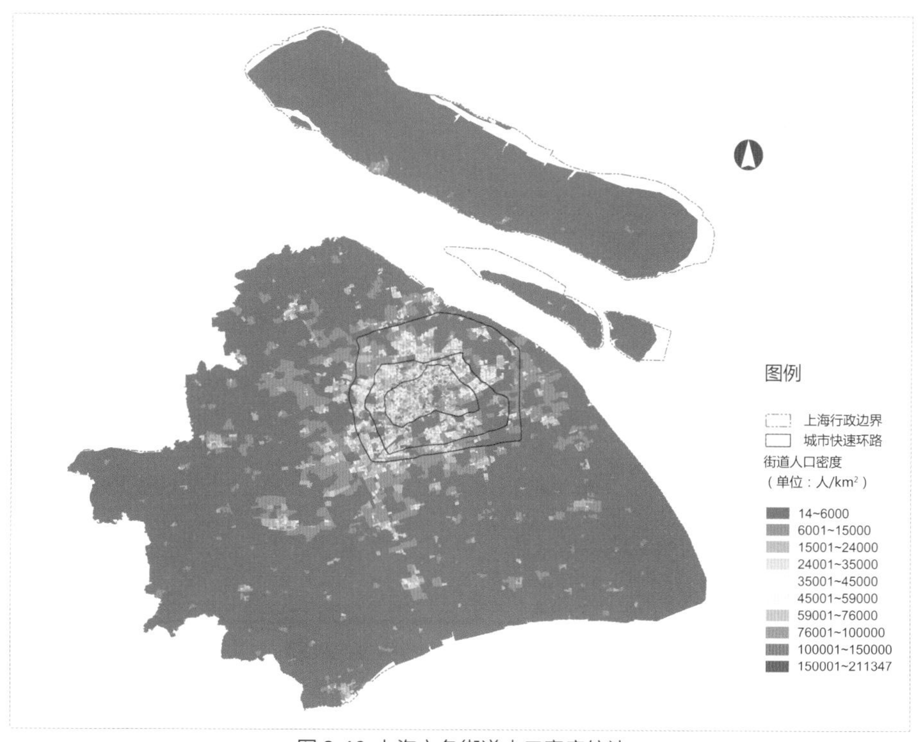

图 3-46 上海市各街道人口密度统计

（2）Ripley's *K*(*r*) 函数分析

Ripley's *K*(*r*) 函数是点密度距离的函数，该函数最早由 Ripley 建立，函数假设在区域点状地物空间均匀分布，且空间密度为的情况下，距离 r 内的希望样点平均数为。点状地物平均数和区域内样本点密度比值为。用变量 Ripley's *K*(*r*) 函数表示现实情况下距离 *r* 内的样本点平均数和区域内样本点密度的比值，Ripley's *K(r)* 函数有多种构建方式，其中应用较多的计算式为：

$$K(r) = A\sum_{i=1}^{n}\sum_{j=1}^{n}\frac{w_{ij}(r)}{n^2} \tag{3-6}$$

式中，*n* 为点状地物个数；为在距离 d 范围内的点 *i* 与点 *j* 之间的距离；*A* 为研究区面积。通过比较这些样本点平均数和区域内样本点密度比值的实测值与理论值，Ripley's *K(r)* 函数判断实际观测点空间格局是集聚，发散还是随机分布。

1977 年，Besag 对 *K(r)* 进行了改进，将 Ripley 的 *K* 函数标准化得到 *L* 函数，提出 *L(r)* 函数，公式如下：

$$L(r) = \sqrt{\frac{K(r)}{\pi}} - r \tag{3-7}$$

如果 *L(r)* 小于随机分布的期望值，即为负值，则认为样本点有均匀分布的趋势；*L(r)* 大于期望值，即为正值，则样本点有聚集分布的趋势，否则为随机分布。

（3）最邻近距离分析

最邻近距离（NNI）是通过比较计算最近邻的点对的平均距离与随机分布模式中最邻近的点对的平均距离，用其比值（NNI）判断其与随机分布的偏离，公式如下：

$$\mathrm{NN1} = \frac{d(NN)}{d(ran)} = \sum_{i=1}^{n}\frac{\min(d_{ij})}{n} \times \frac{1}{d(ran)} \tag{3-8}$$

式中，*NNI* 为最邻近距离系数，*n* 为样本点数目，d_{ij} 为点 *i* 到点 *j* 的距离，*min*（d_{ij}）为点 *i* 到最邻近点的距离，*d*（*ran*）为空间随机分布条件下的平均距离，其取值一般为：

$$d(ran) = 0.5\sqrt{\frac{A}{n}} \tag{3-9}$$

式中，*A* 为研究区面积。

最邻近距离统计认为样点格局随机分布时，最邻近点对间平均距离与平均随机距离相等，*NNI*=1；样点格局聚集时，最邻近点对间平均距离会小于平均随机距离，*NNI* ＜ 1，且 *NNI* 比值越小，样点格局越集聚；样点格局较随机分布更加发散时，最邻近点对间平均距离大于平均随机距离，*NNI*

＞1，且 *NNI* 比值越大，样点格局越分散。

同时，可采用 Z 值检验计算结果的统计显著性，公式如下：

$$Z=\frac{d(NN)-d(ran)}{SE_{d(ran)}} \tag{3-10}$$

$$SE_{(ran)}=\sqrt{\frac{(4-\pi)A}{4\pi n^2}}=\frac{0.26136}{\sqrt{n^2/A}} \tag{3-11}$$

若 Z 值小于 -2.58，则在 99%置信度上，该点模式属于集聚模式；若 Z 值大于 2.58，则在 99%置信度上，该点模式属于均匀模式。

3. 耦合度模型建构方法

空间中两个地理要素分布的耦合性（一致性）检验反映的是系统内部的协同作用，表示系统或要素彼此之间相互作用和影响的程度。城市人口的基本集聚单元为住宅，且住宅周围的商业配置直接影响着人们的生活品质，因此研究可用住宅小区人口代表集聚区，测算出住宅小区人口权重，通过 ArcGIS 平台测量住宅小区到最近商业点距离代表商业空间与人口的耦合性，同时根据各类商业点辐射范围，亦可将原有空间数据和属性数据中超出居住空间所需商业服务范围的商业数据排除。

住宅小区人口权重的测算方法按照面积权重内插法的思想：假设同类型用地的人均面积权重相同根据目标区内各个源区所占面积的百分比来确定目标区某个属性值。该方法对于整个城市或者城市的大片区域等中观以上尺度反映城市人口空间特征的实证研究效果较好。

本研究以相应住宅小区的建筑面积为基本权重，以相应街道作为源区域把人口数分摊到各人口集聚区上，得到人口权重，那么任意小区 i 的耦合度基本模型如下：

$$C_i=P_*\times\frac{d_{\max}}{d_i}=\frac{A_i}{A_j}\times\frac{P_j}{P_{\max}}\times\frac{d(\max)}{d_i} \tag{3-12}$$

式中，C_i 表示 i 小区与商业空间的耦合度；P_* 为 i 小区人口权重；d_i 为 i 住宅小区到最邻近商业网点的距离；d（max）为住宅小区到最邻近商业网点距离中最远的距离。A_i/A_j 为 i 小区建筑面积与所在街道 j 的建筑面积之和的比率；P_j 为街道 j 的人口；P_{max} 为全市人口权重最大的小区人口。C_i 越大，耦合性越好。

4. 分析工具

（1）ArcGIS 平台

ArcGIS 平台集成了核密度分析等基本运算模块，因此可在 ArcGIS 平台完成基本的核密度分析；同时 ArcGIS 平台提供的图层叠加计算等分析功能可以辅助构建耦合度模型，因此耦合度模型计算工作亦可在 ArcGIS 平台完成。

（2）Crimestat 软件

虽然 ArcGIS 平台也集成了多距离空间聚类分析运算模块，可以完成基本的 Ripley's K 函数运算，但是本研究采用 Besag 对 $K(r)$ 进行改进后的计算方法，可以直接应用集成该改进函数的 Crimestat 软件工具进行分析。

Crimestat 软件是由美国 National Institute of Justice 等机构资助，由美国 Ned Levine 博士主持开发。该软件开发的最初目的是对犯罪事件进行空间统计分析，目前该软件在城市空间分析、流行病学研究等领域也获得广泛的应用。上文提及的最邻近距离分析、Ripley's $L(d)$ 函数运算等任务均可利用该软件完成。

3.3.2 上海市商业网空间格局分析

1. 商业网点空间分布模式分析

各类商业网点的空间分布模式，直接决定了城市商业市场竞争的规模效益和组织化程度。但商业空间的类型并不能简单说集聚或是均匀分布就好。集聚的商业分布类型有利于节省投资、提高土地利用率，但商业空间分布过于集聚则容易产生集聚不经济的情况，且过于高密度的商业开发会降低商业环境品质，影响整个城市的环境质量，而过于分散的商业分布类型则会导致商业经营的不经济以及城市土地利用效率的低下。

本研究根据商业网点的空间分布，利用 Crimestat3.3 软件，通过最邻近距离法，分析点状地物在地理空间中相互邻近程度，从而确定各类商业空间的分布类型，运算结果如表 3-7 所示，可以看出，上海市各类商业网点的 NNI 值均小于 1，呈现明显的集聚分布模式，且 Z 值都小于 -2.58。则在 99% 置信度上，该点模式属于集聚模式，即空间集聚模式是随机产生的概率小于 1%；因此，上海市各类商业空间都为显著地集聚分布模式。

表 3-7 最邻近距离分析统计结果

商业空间类型	*NNI*	*Z* 值	商业空间类型	*NNI*	*Z* 值
服装鞋帽皮具店	0.1002	-369.9127	花鸟虫鱼市场	0.233	-117.2853
家具建材市场	0.1552	-349.7646	文化用品店	0.258	-66.7752
专卖店	0.157	-411.1352	便民商店 / 便利店	0.3181	-194.4415
体育用品店	0.1626	-80.8526	商场	0.3343	-51.3731
综合市场	0.1843	-218.0085	超级市场	0.3439	-99.6446
家电电子卖场	0.1849	-168.4368	特殊买卖场所	0.3904	-27.9905
个人用品化妆品店	0.2153	-67.501	特色商业街	0.4674	-17.323

从 *NNI* 的值来看，各类商业网点空间集聚程度不同，其中服装鞋帽皮具店 *NNI* 为 0.1002，集聚程度最强，其次为家居建材市场、各类专卖店、体育用品店、综合市场和家电电子卖场等，而特色商业街、特殊买卖场所、花鸟鱼虫市场、超市、商场等分布较为分散。这主要是由于商业业态的不同，而形成不同的空间分布模式。服装鞋帽皮具类商业空间对集聚经济要求较高，故其集聚程度较高；而家居建材市场、各类专卖店等商业类型是以满足消费者批量或者专业性消费为主，为方便顾客购买及集聚经济的目的，一般也集中分布。特色商业街既包括上海近年来形成的现代商业文明，也包括老上海商业文化的结合，如上海的淮海路、南京东路、豫园商城、徐家汇商圈、新客站不夜城等，与城市商业发展历史、城市规划以及交通情况等密切相关，并且由于商业街本身就是商业店铺局部集中的区域，因此从上海市整体空间布局来看，商业空间的集聚程度较弱。

2. 商业网点空间集聚热点分析

基于 ArcGIS 平台对上海市各类商业空间进行核密度分析，可得到上海市 14 类商业空间的集聚热点分布，如图 3-47 所示。

上海市大型商场的集聚区主要以浦西中环内为主，沿延安路形成了一条横轴集聚带，而且人民广场、徐家汇、五角场、中山公园和金沙江路形成了明显的集聚区，此外，在外围的七宝、莘庄、周浦、松江、奉贤、惠南镇等地区也是商业空间分布集聚中心。各类专卖店、服装鞋帽皮具店、个人用品 / 化妆品店、体育用品店、文化用品店和特殊买卖场所的主要集聚区与大型商场的集聚区的区位基本吻合，主要分布在浦西中环内，这说明这些类型的专营店是以依靠大型商场吸引的顾客为主。

特色商业街已经是很多商业网点的集聚区，主要零散分布在外环内，如

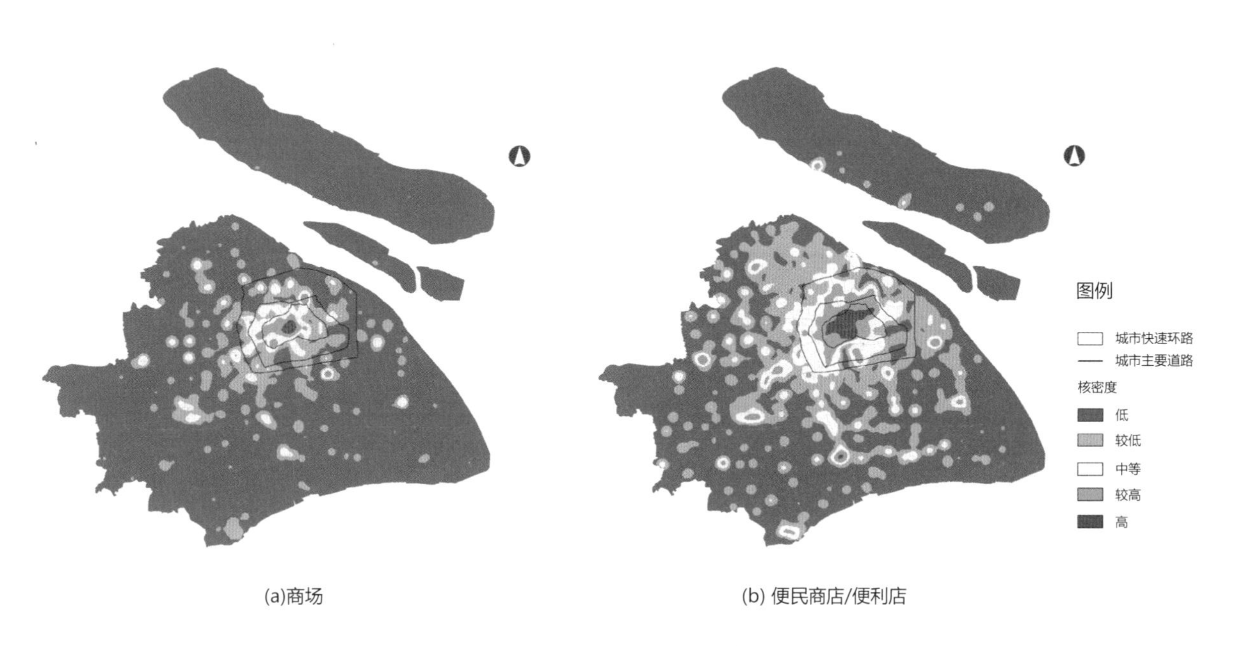

图 3-47 上海市各类商业网点空间核密度分析

(c) 家电电子卖场
(d) 超级市场
(e)花鸟虫鱼市场
(f) 家具建材市场
(g)综合市场
(h)文化用品店

图 3-47 上海市各类商业网点空间核密度分析

图 3-48 上海市各类商业网点空间核密度分析

人民广场—静安寺地区（新天地、豫园、淮海路等）、徐家汇（衡山路）、古北地区、世博滨江等。超市集聚区的分布比较分散，主要集聚在传统商业中心外围，沿内环集聚。便利店的集聚区主要分布在中环内，以及城郊松江、泗泾、莘庄、嘉定、周浦等大型居住区。花鸟鱼虫市场商业网点较少，很难形成大面积集聚区，相对集中的地区是大华、桃浦和宝山上海大学等区域。家电电子市场则主要分布在徐家汇、五角场和浦东川沙等地。家居建材市场的集聚区主要分布在中环及外环附近。各类商业空间布局符合商业业态在城市的分布规律，即市中心以大型综合购物中心、服装店等为主，城市边缘区则以大型家居、建材市场为主。

3. 商业网点空间分异格局分析

运用 Crimestat 3.3 软件对上海市各类商业网点的空间集聚情况进行基于距离的 Ripley's $L(r)$ 函数分析，根据软件运行结果绘制上海市各类商业网点 Ripley's $L(r)$ 统计量随距离半径 r 的变化过程及其空间集聚性的假设检验图（图 3-48）。由图 3-48 分析结果可知，上海市各类商业网点的 $L(r)$ 值在 1 ～ 23km 的距离空间内都大于 0，并且全部通过检验，说明上海市各类商业网点在研究范围内显著性集聚。

图 3-48 中的曲线类型大致以倒“U”形为主，例如上海市各类专卖店、化妆品店、服装鞋帽皮具店、便利店、大型商场、特殊买卖场所等大多数类型商业网点，大都分布结构呈先上升后下降的标准倒“U”形，即在一定距离范围内先集聚后分散。以各类专卖店为例，在 12km 左右达到曲线峰值 14，其他倒“U”形曲线的峰值也出现在 10~12km 的范围内，说明当 d 达到 12km 时上海市商业空间集聚强度最大。这类曲线中特殊买卖场所集聚强度最大且集聚范围最小为 8km 左右；便利店的集聚强度最弱，集聚范围在 15km 左右。第二类曲线即为随机上扬型，$L(r)$ 一直保持波动上升的趋势，峰值不明显，例如家居建材市场说明此类商业网点在研究范围内随着距离的增加，其集聚程度一直在增加，主要是由于该类市场总体数量较少，规模也小，难以形成市域范围规模较大的集聚区。

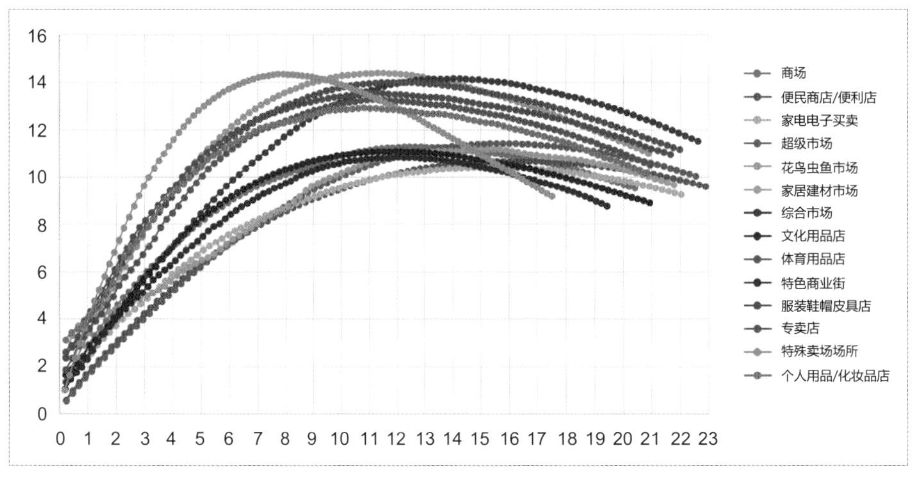

图 3-48 上海市各类商业网点 Ripley's $L(r)$ 分析结果

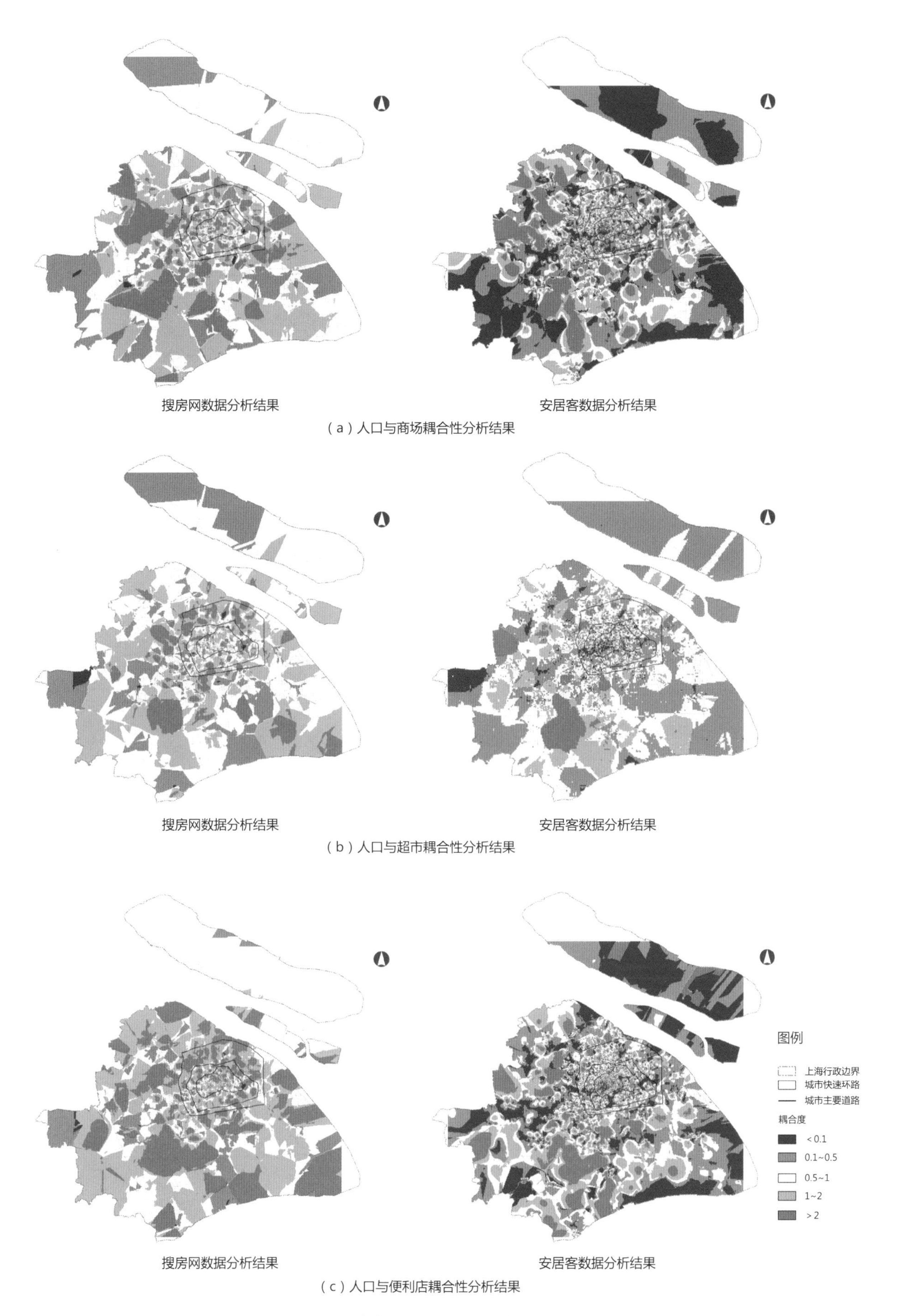

图 3-49 上海市各类商业网点与人口耦合性分析结果

3.3.3 上海市商业网点空间布局与人口耦合性分析

城市化的快速发展使得城市空间不断扩张，城市人口和商业网点的空间发展也呈现向外扩张的趋势。商业空间与人口的协调发展，直接关系到居民生活品质的提高以及城市空间布局的优化。因此，城市商业空间的布局不仅要适度集中，以实现规模效益：也要适应人口的分布，适度分散布局，接近消费人群。从以上的分析可以看出，上海市整体商业空间以及各类商业空间均呈集聚分布的态势，但这种集聚程度是否合理，与居住空间的分布格局是否匹配，还需进一步分析。

由于不同商业业态类型服务群体和服务半径不同，其中与居民生活最密切相关的商业业态类型是商场、超市和便利店，因此研究选取这 3 类商业空间与人口的耦合性进行深入分析。首先，通过公式 3-12 计算各人口集聚区与商业网点的耦合度，再通过 ArcGIS 的克里金（Kriging）插值法对其进行空间插值，得到人口与各类商业空间耦合性示意图（图 3-50）。

为避免不同来源的网络数据统计标准不同带来的样本误差，本研究将搜房网及安居客两大网站的数据分开计算，以降低因数据质量带来的成果误差。从数据质量来看，搜房网数据样本量较少（6 081 个小区样本），但数据质量较高；安居客网可获得数据样本量大（9 896 个小区样本），但是数据准确度相对不高，误差较大。综合两大网站数据运算成果，市中心直至外环周边区域的耦合度运算结果呈现类似的分布规律；外环外远郊区样本量过小，通过克里金（Kriging）插值法得到的结果误差相对较大。

整体而言，从人口集聚区与商业网点的平均耦合度来看，上海市便利店与人口的耦合度为 1.71，商场为 1.49，而超市为 1.19（数据来自搜房网统计，安居客数据为：便利店 11.81，商场 43.42，超市 0.79）。其中超市最差，说明超市的布局与人口的分布匹配性还不够合理，便利店的耦合性整体最优，这说明上海的便利店布局已经相对合理，居住小区可达性相对较高。从空间上来看，如图 3-49 所示，人口与商场耦合性较好的地方主要是内环内主要商圈区域以及外环外的新城，同时外环外存在大面积耦合性较差的区域，尤其是濒临城市边缘的地区；同时，在浦东中环内也有些耦合性差的“盲区”，如浦东张江高科北部、浦西龙华地区。人口与便利店的耦合性也是外环内耦合性强，城市外围耦合性弱，且与商场布局在外环内“盲区”的主要分布位置也相同。而人口与超市的耦合性较强的地区分布的比较分散，主要集中在内环和中环之间，以及外环外的重点新城，例如松江、嘉定等。

综上所述，可以看出上海市目前人口与商业网点的空间布局仍存在着诸多不匹配现象，影响居民生活的舒适性和便利性。近年来，上海市居住空间的扩张主要在城市边缘区，形成了泗泾、南翔等大型居住区，以及张江高科、金桥、闵行等产城高度融合的高科技园区，这些地区理应配备与之规模相适应的商业设施，而城市周边商业网点的空间布局就目前来看，无论是高级别的商场还是日常生活配套的便利店、超市还远远不够。此外在外环以内，也形成了个别耦合性差的“盲区”。

3.3.4 结论

随着城市化进程的推进和大城市规模的不断扩大，城市零售商业空间格局将一直跟随者城市人口的迁移和功能布局的调整而逐步跟进调整，商业网点布局的基本趋势是适应人口分布的变化，商业网点的布局是一个持续地动态迭代的优化过程。

本研究从上海市零售商业空间分布模式和集聚格局开始分析，并进一步在居住区尺度构建模型分析了零售商业与城市人口布局的耦合关系，从整体布局上来看，上海市的零售商业空间呈现相对合理的集聚模式，但在浦东、外环以外等局部地区还存在设施布局的“盲点”区域。商业网点布局的基本趋势是适应人口分布的变化，但由于人口分布的不断变化，二者的不适应又是经常的。因此，今后商业网点的规划选址应更好地适应人口分布的变化，向城市外围和“盲区”引导商业网点的布局，将商业网点与居住小区整合规划，优化城市空间结构。

3.4 城市商业业态布局规律和特征探索：基于人口因素的上海市超市、便利店空间分布特征与差异研究

以上海市超市、便利店为例，对超市、便利店空间分布特征与差异以及产生这些差异的人口影响因素展开研究，结果表明：上海市超市、便利店呈明显的圈层分布，不同圈层超市、便利店密度标准值和占总体数量的比例有所不同，同时圈层分布的差异变化转折点的位置与上海市城市环线所划分的区域基本吻合；人口分布、消费水平、人口流动等是人口影响超市、便利店分布特征与差异的主要因素，结合超市、便利店的服务特性和差异，各影响因素的影响机制也有所不同。

零售商业活动及其空间布局一直是经济地理和城市规划重要的研究内容。随着我国经济的发展和零售业态的繁荣，专家学者们对零售业态空间布局、空间结构、区位选择等影响因素的研究也不断深入。综合各专家学者的研究，影响零售业态区位选择的主要因素可以概括为：经济发展、人口因素、市场需求、消费者购买力、区域交通、城市政策与法规等。汪晶（2014）指出，经济发展、市场需求、消费者购买力和区域交通是影响湖南省零售商业空间布局的主要影响因素[77]，周晓燕（2013）在以济南市为研究对象的基础上得到了相同的结论[78]；他们都是以统计数据为研究基础，利用数学分析模型对每部分的影响程度展开说明，但模型与空间结合性不强，且缺乏对比。陈建东（2010）和林云瑶（2015）的研究从理论方法层面对零售商业或购物中心的区位选择展开说明，并给出了布局优化的相关建议[79-80]。李若雯（2007）对北京市零售商业的研究选取了人口因素为研究基础，阐述

了人口分布、密度、收入和消费等不同层面对零售业态布局的影响，研究较为深入，但对不同零售业态之间所受影响程度差异的讨论还相对欠缺[81]。

超市、便利店成为居民日常生活用品的主要销售场所，是改革开放以来零售业态的主要发展变化之一[82]，其空间结构和布局研究也引起了各界学者的兴趣[83-88]。王凌云（2011）认为影响大型超市选址的主要因素为人口、竞争、交通、区域和自身条件，并围绕杭州市展开了实证研究[83]。李花等（2016）对兰州市和李强等（2013）对长春市的超市空间布局或演变机理的研究较透彻，指出了人口、交通、市场、城市发展和自身特征是影响空间布局及演变的主要因素[84, 85]，但总的来说对其中任意一种影响因素的研究仍不够深入和彻底。虽然也有学者如董彦景（2012）从人口因素出发，对超市与人口空间分布关联展开研究[86]，但其研究同样也存在较大不足，如仍然是以统计数据为基础、以城市各行政区为基本单位、利用数学方法展开讨论，空间范围死板且不够精确，对人口因素的影响机制缺乏深入探讨。便利店具有占地面积小、开店选址灵活、影响因素复杂等多方面特点，各界学者对其空间布局的研究相对较少，理论体系匮乏。较为理想的研究是李莉（2011）对太原市唐久连锁便利选址的研究，和郭崇义（2005）对北京、广州等城市便利店区位环境的研究[87, 88]，前者主要分析了几种不同区位选择的特点，后者则讨论了影响便利店布局的可能存在的区位组合，但对其影响因素及与人口的关系研究较少。

上海是我国最发达的经济区域，在我国零售业发展中，无论发展规模还是发展水平都处于领先地位[89]；上海市第三次经济普查数据主要公报指出，截至 2013 年末，上海市在第二产业和第三产业法人单位中，批发和零售业 14.6 万个，占 35.5%，位居第一[90]。基于现有研究成果和上海市零售商业发展现状，本章节以大数据为基础，选取超市、便利店作为研究对象，对其空间分布差异展开比较研究，并从人口方面对产生差异的原因进行了深入探究。

3.4.1 数据来源与研究方法

1. 研究区域与数据来源

本研究以上海市 16 个市辖区为研究区域，总面积 6 340 km^2。

数据基础为上海市六普普查区数据、分类后的上海市零售商业 POI（Point of information）数据以及安居客小区数据。六普普查区数据包含各村镇、街道代码、常住人口数和外来常住人口数、区域面积等信息，共计 5 431 条；上海市零售商业 POI 数据包含商业类型、网点位置等信息，其中超市网点信息 6 302 条，便民商店 / 便利店网点信息 22 217 条；安居客小区数据除含位置信息外，还包含均价、绿化率、容积率、物业费等信息，有效数据共计 9 805 条。

2. 研究方法

本研究中所有图片及数据处理，都是基于 ArcGIS10.3 操作平台进行的，通过现有数据信息建立 GIS 空间数据库。首先，采用点密度分析、缓冲分析、数值归一化等方法，对超市、便利店的整体空间分布特点和差异进行研究；其次，结合上海市城市环线及行政区域等，说明圈层分布差异可能的空间影响因素；然后，利用统计学方法对超市、便利店与人口的数量关系以及超市、便利店自身的地域相关关系进行分析；最后，从人口因素的多个方面对分布差异形成的原因进行了综合研究。

（1）密度分析与缓冲分析

ArcGIS 中点密度分析工具用于计算每个输出栅格像元周围的点要素的密度。从概念上讲，每个栅格像元中心的周围都定义了一个邻域，将邻域内点的数量相加，然后除以邻域面积，即得到点要素的密度。与核密度相比，点密度能真实地反映某一要素在周围邻域中的实际密度。对于分析结果还需要自然间断点分级法（Jenks）进行分级表达，该分类方法可以实现对相似值的恰当识别，使各个类之间的差异最大化。

ArcGIS 缓冲分析是指以点、线、面为基础，其周围自动生成一定宽度范围的缓冲区多边形图层，建立该图层与目标图层的叠加，并进一步分析得到所需要的结果，是用来解决临近问题的有效分析方法之一。本研究的缓冲分析主要以点为基础，包括缓冲区分析和多环缓冲区分析。

数值归一化是数据标准化方法中较为简单、较为具体的方法，是在数据量有限的前提下，将实际数据转变为（0，1）之间的小数。与其他数据标准化方法相比，该方法可以更好地体现出每一部分占总体的比重，便于不同数据在相同区间内所占比例差异的比较。计算方法如下：

新数据 = 原数据 / 数据总和　　(3-13)

（2）相关系数计算与回归分析

相关系数是反应变量之间关系密切程度的统计指标，相关系数的取值区间在 1 到－1 之间。－1 表示两个变量完全线性相关，－1 表示两个变量完全负相关，0 表示两个变量不相关。数据的绝对值越趋近于 1，表示相关关系越强。相关系数用 r 表示，计算公式为：

$$r=\frac{\sum_{i=1}^{n}(x_i-\bar{x})(y_i-\bar{y})}{\sqrt{\sum_{i=1}^{n}(x_i-\bar{x})^2\bullet\sum_{i=1}^{n}(y_i-\bar{y})^2}} \tag{3-14}$$

回归分析法是在掌握大量观察数据的基础上，利用数理统计方法建立因变量与自变量之间的回归关系函数表达式（称回归方程式）。通过分析，本研究最终选用一元一次回归方程，其中 x 表示人口密度，y 表示超市、便利店密度，b_0 为方程的截距，b_1 为斜率。b_1、b_0 的计算公式如下：

$$b_1 = \frac{\sum_{i=1}^{n}\left(x_i - \bar{x}\right)\left(y_i - \bar{y}\right)}{\sum_{i=1}^{n}\left(x_i - x\right)^2} \tag{3-15}$$

$$b_0 = \bar{y} - b_1\bar{x} \tag{3-16}$$

（3）空间自相关分析

空间自相关分析包括多距离空间聚类分析和空间自相关分析。

多距离空间聚类分析（Ripley's K 函数）是确定要素（或与要素想关联的值）是否显示某一距离范围内统计意义显著的聚类或离散。计算公式如下:

$$L(d) = \sqrt{\frac{A\sum_{i=1}^{n}\sum_{j=1, j\neq i}^{n}k_{i,j}}{\pi\, n(n-1)}} \tag{3-17}$$

式中，d 表示距离，n 表示要素的数量，A 代表要素的范围，k_i，j 则代表权重值。该方法会得到一个标准值和一个计算值，如果计算值大于标准值，则在不同距离（分析尺度）的分布上呈聚类分布，否则则呈离散分布。

空间自相关指数（Moran's I 指数）是检验空间要素的属性值是否与其相邻空间点上的属性值相关联及关联程度大小的重要指标，多用于检验是否存在空间集聚现象。Moran's I 指数统计如公式（3-18）所示：

$$I = \frac{n}{S_0}\frac{\sum_{i=1}^{n}\sum_{j=1}^{n}w_{i,j}z_i z_j}{\sum_{i=1}^{n}z_i^2} \tag{3-18}$$

式中，z_i 是要素 i 的属性与其平均值（xi-x）的偏差，w_i,j 是要素 i 和 j 之间的空间权重，n 等于要素总数，S_0 是所有空间权重的聚合。Moran's I 指数值为正则表示聚类趋势，值为负则表示离散趋势，且绝对值越大表示集聚或离散程度越强。

3.4.2 超市、便利店空间分布特征与差异

用现有数据对超市、便利店分别做点密度分析来表示实际密度分布情况，并利用自然间断点分级法将分析结果分为 9 个等级进行表达，结果如图 3-50、图 3-51。从图中可以看出，超市、便利店都呈现明显的圈层分布

特征，且由城市中心到城市外围，超市、便利店密度在整体上都呈逐渐递减的趋势。

由于超市、便利店总体数量差别较大，点密度分析和分级表达的结果难以直接用于比较圈层分布差异。基于超市、便利店的圈层分布特征及较为均匀的变化趋势，参考高向东、吴文钰等在研究中对上海中心点的选择并结合图 3-50、图 3-51 的分析结果，选取人民广场为几何中心点，分别以 2 km、 4 km、 6 km……60 km 为半径做多环缓冲分析，将上海行政区地图对多环缓冲区分析结果裁剪后利用 GIS 的空间连接工具统计不同半径缓冲区内超市、便利店数量，计算各缓冲区内超市、便利店密度并对实际密度进行数值归一化 [公式（3-15）]。归一化后距中心点不同距离范围内超市、便利店密度标准值如图 3-52 所示。

通过上述分析可以初步得出结论，即在整体圈层分布特征下，距中心点不同距离的缓冲区内，超市、便利店的密度变化与数量占比均存在一定差异。下文将分别针对这两点展开论述。

1. 超市、便利店密度变化差异

超市、便利店在密度变化方面的差异主要体现在密度斜率的变化差异和明显的斜率变化转折点两方面。首先，在距中心点 0~6km 范围内，超市密度出现了先升高后降低的趋势，密度最高值在距中心点 4km 左右，而在此范围内，便利店密度迅速降低，密度最高值出现在距中心点 0~2km 缓冲区内；其次，在 6~14km 范围内，超市、便利店密度变化的斜率仍然较大，

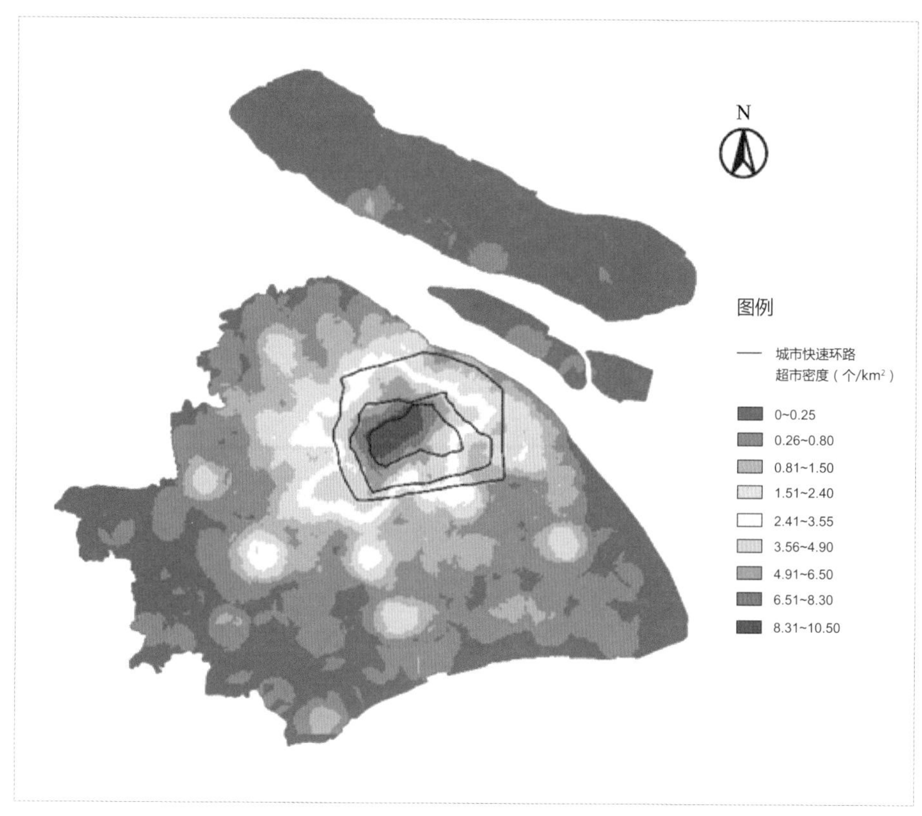

图 3-50 上海市超市点密度分析

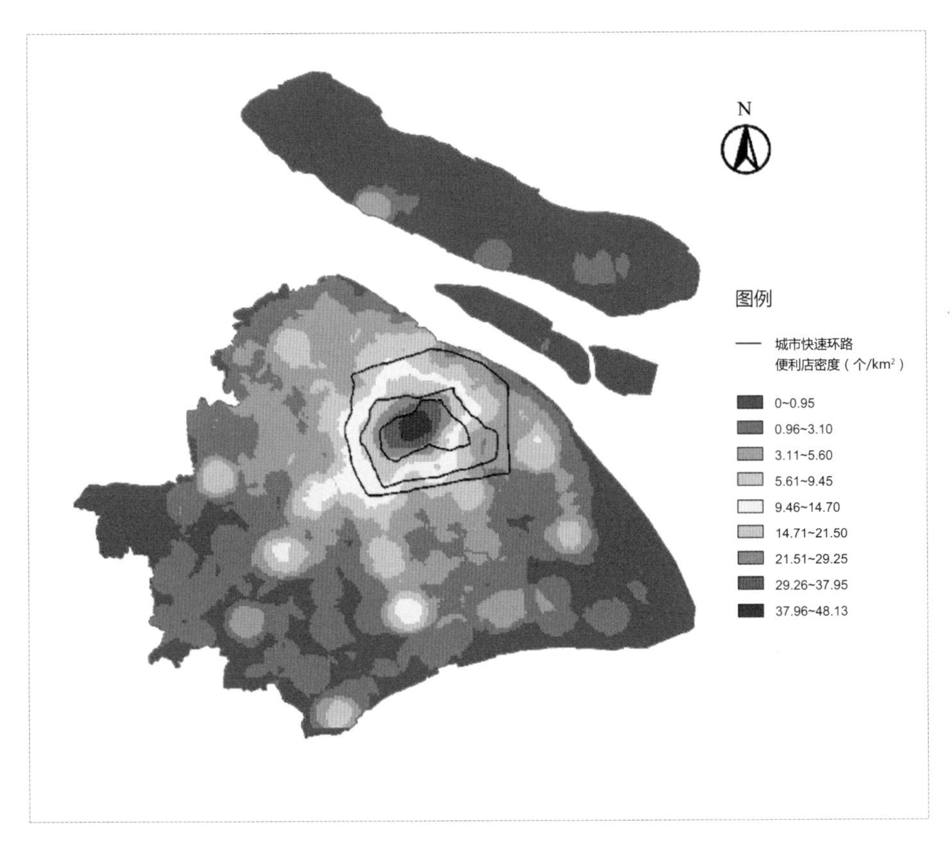

图 3-51 上海市便利店点密度分析

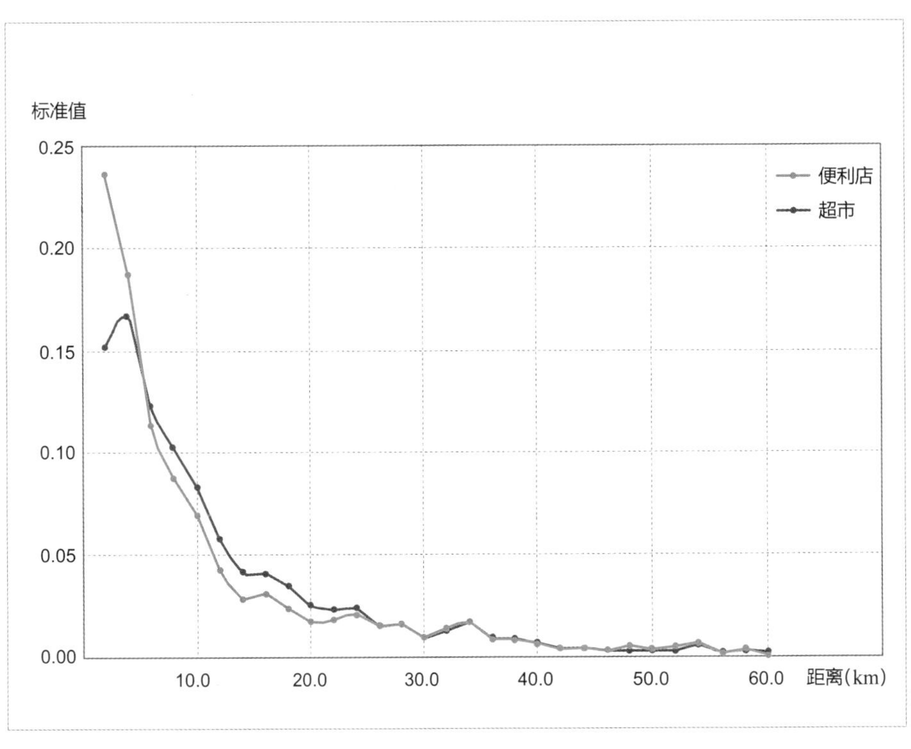

图 3-52 超市、便利店密度标准值比较

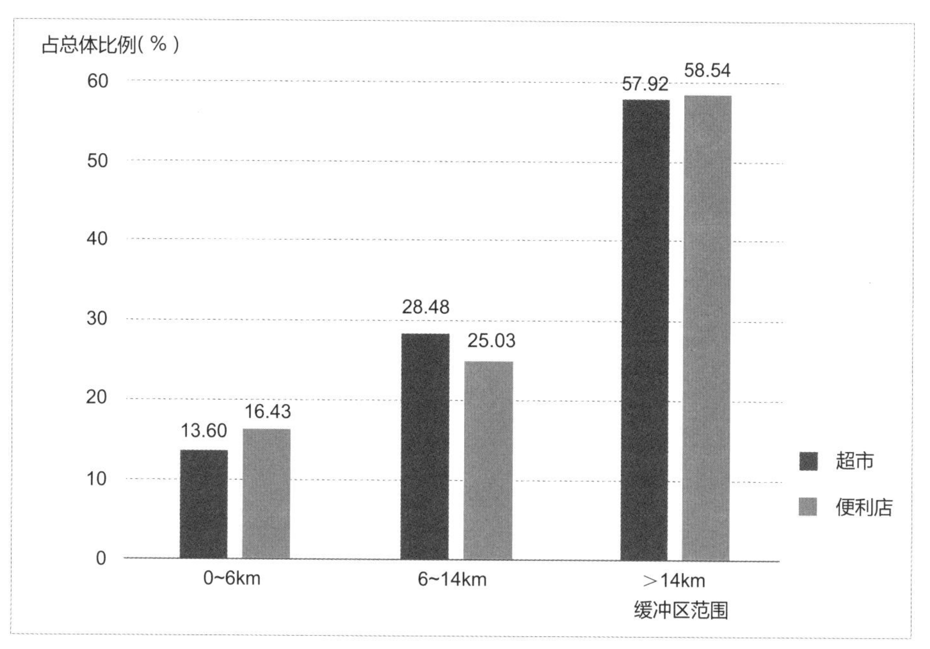

图 3-53 特征圈层范围内超市、便利店占总数比例关系

但变化趋势基本一致，且该范围内超市密度标准值要大于便利店，另外，距中心点 6km 以及 14km 处为超市、便利店密度斜率变化较大的转折点；最后，在距中心点大于 14km 的范围外，超市、便利店密度均处于较低的状态，变化趋势与密度标准值之间的差异缩小。整体上，超市、便利店密度在由城市中心向城市外围逐渐递减的前提下，超市的密度变化相较于便利店更为平缓。

将超市、便利店距中心点在 6km 和 14km 处出现的密度斜率变化较大的转折点所划分的圈层范围定义为特征圈层，分别对不同特征圈层内超市、便利店数量进行统计，计算各自占总体的比例，并将其以柱状图进行表达，结果分别如表 3-8 和图 3-54 所示。

从分析结果可以看出，在距中心点不同距离的特征圈层范围内超市、便利店数量比例存在较大差异。在 0~6km 范围内便利店的数量比例高于超市，在 6~14km 范围内超市数量比例高于便利店，在大于 14km 以外的区域范围，超市、便利店数量各自占总数的比例基本相同，差异缩小。

表 3-8 距中心点不同距离超市、便利店数量、密度及占总数比

	超市			便利店		
	数量（家）	比例（%）	密度（家 /km²）	数量（家）	比例（%）	密度（家 /km²）
0~6km	857	13.60	7.58	3 650	16.43	32.27
6~14km	1 795	28.48	3.51	5 561	25.03	11.06
＞14km	1 795	57.92	0.61	13 006	58.54	2.13

2. 城市环线与特征圈层的匹配关系

为探究距中心点不同距离的密度斜率变化较大的转折点，即特征圈层的形成原因，将以城市环线与特征圈层分别从空间位置以及超市、便利店分布的数量比例方面进行匹配分析。

（1）将特征圈层的环线与城市环线同时在上海市行政区上进行表达，结果如图 3-54 所示。从图中可以明显看出：①距中心点 0~6km 的特征圈层与上海市内环区域基本吻合；②距中心点 6~14km 的特征圈层与内外环之间的区域基本吻合；③距中心点距离大于 14km 的范围则为外环以外区域。综上，城市环线与特征圈层在空间位置上高度匹配。

（2）对不同城市环线区域内的超市、便利店数量进行统计，并计算各自占总体的比例，并将比较内容以柱状图进行表达，结果分别如表 3-9 和图 3-55 所示。从该部分分析结果可以看出，在不同城市环线区域内，超市、

图 3-54 特征圈层与环线高速及各行政区域关系

表 3-9 不同环线区域内超市、便利店数量、密度及占总数比

距离	超市			便利店		
	数量（家）	比例（%）	密度（家 /km^2）	数量（家）	比例（%）	密度（家 /km^2）
内环	845	13.41	7.82	3 602	16.21	33.31
内外环之间	1 766	28.02	3.40	5 557	25.01	10.70
外环以外	3 691	58.57	0.65	13 058	58.78	2.29

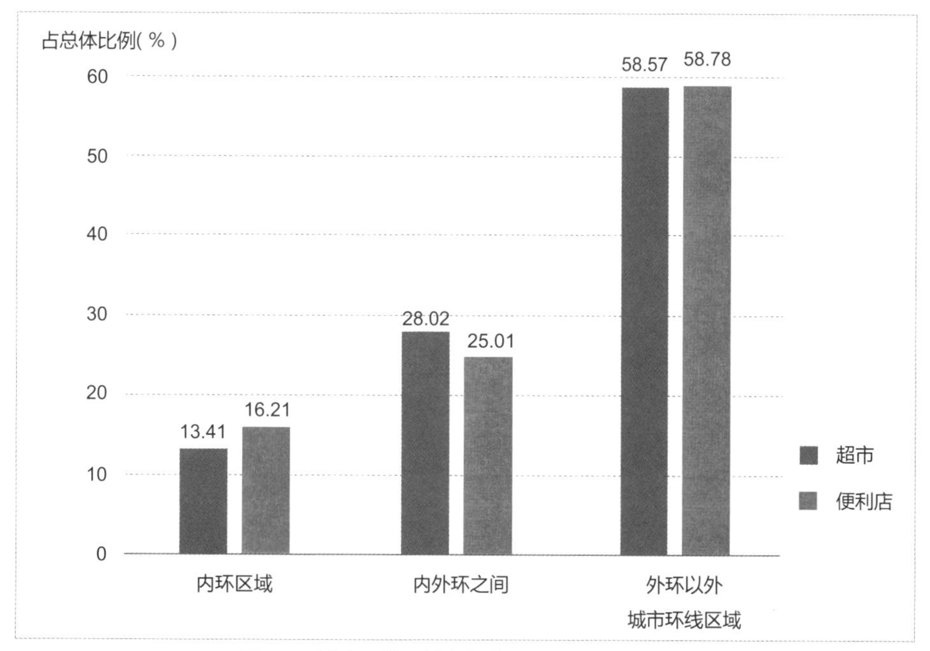

图 3-55 城市环线区域内超市、便利店占总数比例

便利店数量比例存在较大差异。在内环区域内，便利店的数量比例高于超市；在内外环之间，超市的数量比例高于便利店；在外环以外，超市、便利店各自占总数的比例基本相同。将该部分结果与上述（2）部分内容相比较可以发现，不同城市环线区域内超市、便利店数量比例与对应特征圈层内超市、便利店数量比例也存在高度匹配的关系。

图 3-56 基于行政区的样本区域划分

综上所述可以得出初步结论，上海市超市、便利店密度斜率变化较大的转折点及特征圈层的形成，在很大程度上是受城市环线的影响。

3.4.3 超市、便利店数量与人口数量关系

上海市超市、便利店数量与人口数量关系研究中样本区域的划分与样本数据的选择是建立在上海行政区划的基础上的。目前上海市有 16 个市辖区，各市辖区面积差异明显，其中黄埔区仅有 20km^2，而浦东新区总面积达 1 210 km^2，若以此为样本区域，一方面黄浦区样本数量略显不足，另一方面浦东新区郊区面积过大会使区域内人口、超市、便利店数据在统计上过于平均。若以街道或镇为样本区域，又会使得中心城区样本区域面积过小，甚至不足超市的服务半径，导致误差偏大。为了增大样本数量，同时保证每个样本区域有足够的面积，在黄浦区、徐汇区、长宁区、杨浦区、虹口区、普陀区、静安区七个中心城区作为基本样本区域不变的前提下，对 8 个郊区及浦东新区进行进一步细分。最终得到满足要求的 38 个样本区域，各样本单元划分如图 3-56 所示。

在 GIS 中利用空间连接工具对得到的 38 个样本区域内超市、便利店数量进行统计，并将连接后的属性表数据导出，即可得到各样本区域面积、人口数、超市、便利店数量等数据，通过简单计算可得到人口、超市、便利店密度数据。

1. 超市、便利店密度与人口密度的相关性大小

将上述计算所得的密度数据利用 Excel 表格进行整理，并以人口密度为 x 轴，以超市（便利店）密度为 y 轴，分别做“超市密度—人口密度”“便利店密度—人口密度”散点图，结果如图 3-57 和图 3-58 所示。从图中可以看出，超市、便利店密度与人口密度有着很强的相关关系。利用相关系数计算公式式（3-14）对超市密度—人口密度相关系数 r_1、便利店密度—人口密度相关系 r_2 数进行计算，结果分别为 0.989 和 0.970，两者结果均大于 0 且非常接近于 1，说明超市密度、便利店密度与人口密度有着高度的正相关关系；从值的大小来看，超市密度与人口密度相关性要大于便利店与人口的相关性。

2. 超市、便利店密度与人口密度的线性关系

通过观察散点图及对相关系数的分析可知，超市、便利店密度与人口密度有着较强的线性相关关系，利用式（3-15）、式（3-16）对回归方程的相关系数和常数分别进行计算，得到“超市密度 - 人口密度”回归方程为：

$$y_1 = 2.345x + 0.191 \tag{3-19}$$

“便利店密度—人口密度”回归方程为：

$$y_2 = 9.487x - 0.072 \tag{3-20}$$

该回归方程说明，在当前上海市社会发展和社会需求条件下，在每平方公里的土地上，平均每增加 1 万人，超市需求将增加 2.345 个，便利店需求将增加 9.487 个。

3. 超市、便利店的自相关关系

借助 Ripley's $K(r)$ 函数分析可以获得超市、便利店的空间集聚模型，结果如图 3-59 和图 3-60 所示。从图中可以看出，超市、便利店的空间集聚模式基本相同，均呈现倒"U"形特征，且计算值要高于标准值。为进一步比较超市、便利店集聚程度的不同，分别对超市、便利店的 Moran's I 指数进行计算，结果如表 3-10 所示。

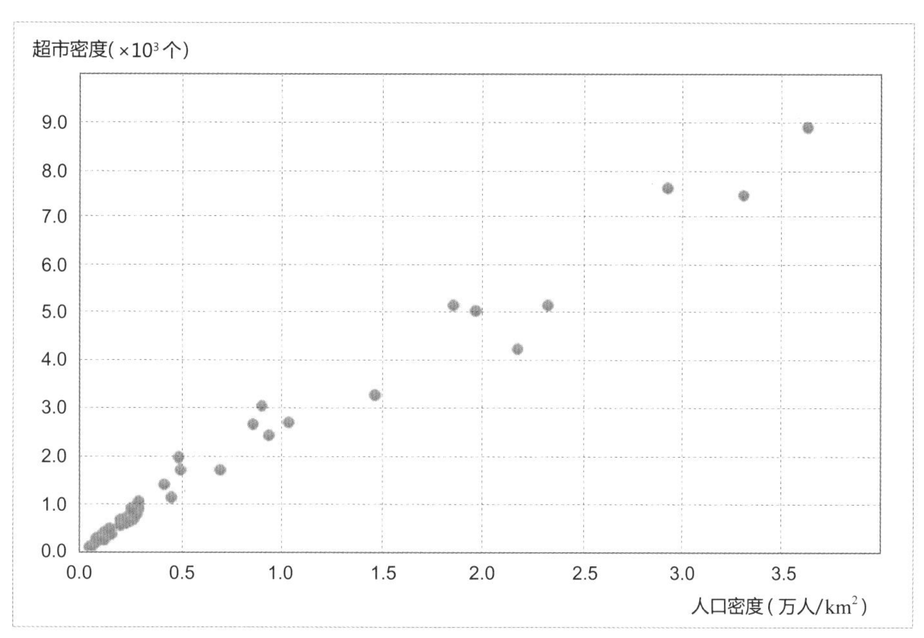

图 3-57 超市密度与人口密度散点图

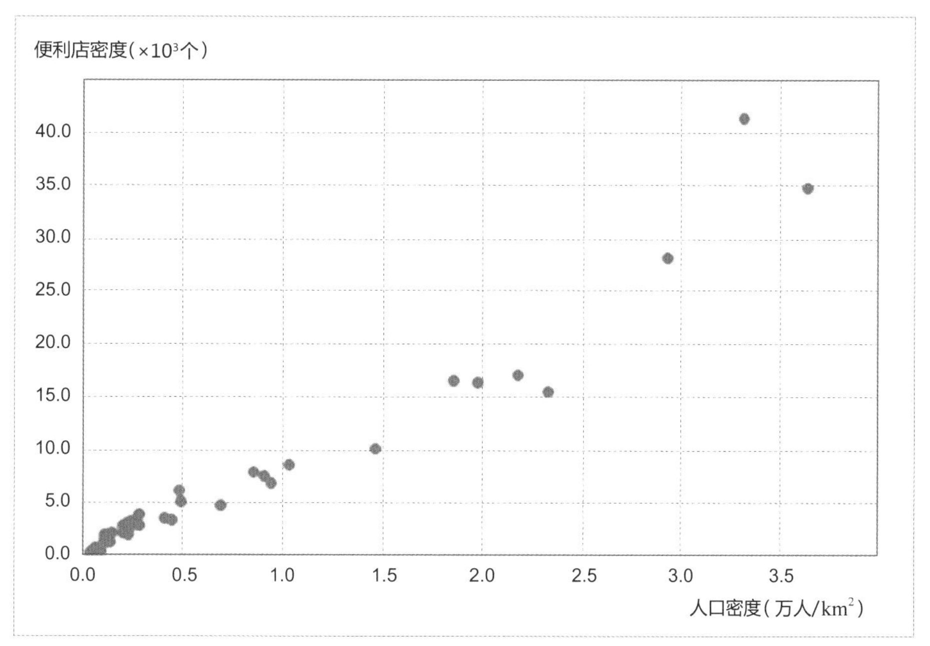

图 3-58 便利店密度与人口密度散点图

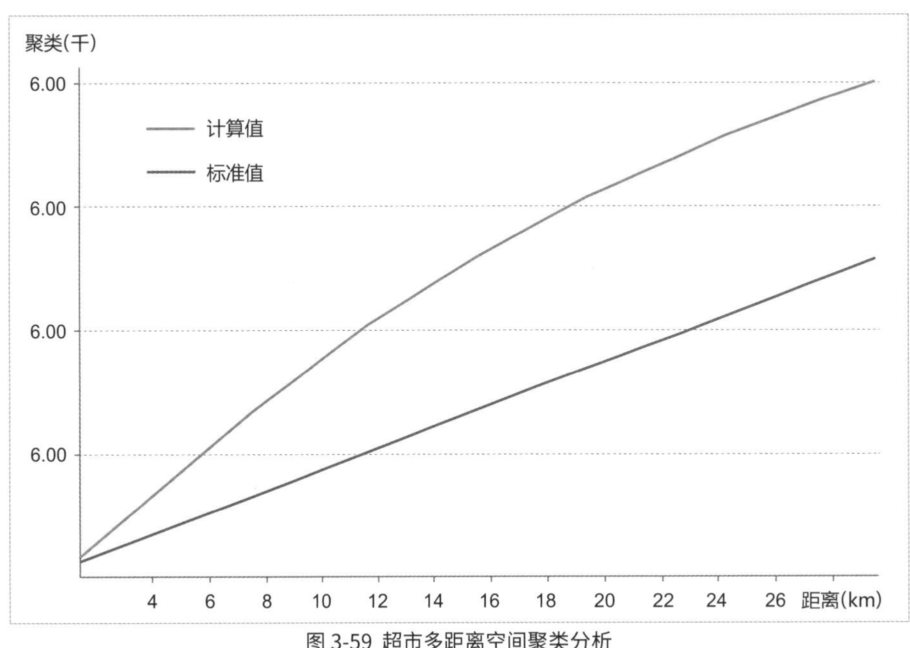

图 3-59 超市多距离空间聚类分析

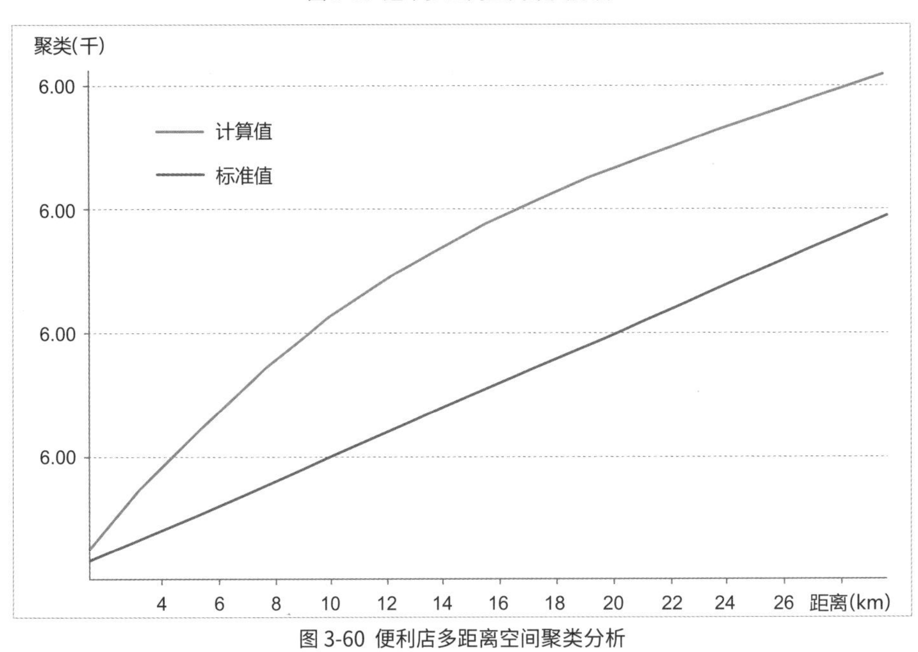

图 3-60 便利店多距离空间聚类分析

从表 3-10 分析结果可知，超市、便利店整体上都呈现空间集聚的分布特征，与上述 Ripley's $K(r)$ 函数分析结果相一致。其中，超市、便利店的 Moran's I 值分别为 0.089 和 0.039，一方面说明超市、便利店都为弱集聚性，且在空间布局上都偏向于中心聚集，与表 3-9 中的结果完全吻合；另一方面，数值大小的差异说明超市的集聚程度要略高于便利店的集聚程度。

表 3-10 超市、便利店空间自相关指数计算结果

内容	超市			便利店		
	Moran's I	z 值	p 值	Moran's I	z 值	p 值
数值	0.089	6.064	0.000	0.039	2.843	0.004

4. 人口因素对超市、便利店分布差异的影响

通过对超市、便利店空间分布特征与差异的分析我们得到结论，虽然上海市超市、便利店都呈现明显的圈层分布状态，且特征圈层的范围与城市环线所划分的区域基本吻合，但各特征圈层之间或不同城市环线区域内超市、便利店分布存在较大差异。为深入探究引起超市、便利店分布特征与差异的影响机制，本研究从人口因素入手，通过参考李若雯、董彦景等人的研究 [81, 86] 并结合现有资料，围绕人口分布和消费习惯、消费水平、人口流动等方面展开讨论。

（1） 人口分布和购物习惯的影响

人口分布和购物习惯是影响超市、便利店等零售商业布局的主要因素。从消费者的购物习惯以及超市、便利店的服务特征来看，消费者的购物行为随出行距离和出行时间的增加呈现递减规律，尤其日常生活用品的消费趋势更加明显 [91-92]；在可选择的情况下，居民日常生活用品购物边缘距离为 5km，且绝大部分购物行为发生在 1km 以内 [93]。因此，一定规模的人口是超市、便利店选址的基础条件。另外，由于超市、便利店的服务容量及竞争因素的影响，高密度的人口集聚区内超市、便利店在满足服务半径覆盖的基础上密度也会相对较高。

在超市、便利店与人口分布的关系研究中，以六普普查区数据为基础，先将面数据转化为点数据，再以点数据中常住人口字段进行人口密度分析，结果如图 3-61 所示，选择合适的插入线，分别对人口、超市、便利店密度做剖面分析，插入线位置见图 3-62，剖面结果整理后见图 3-63、图 3-64。

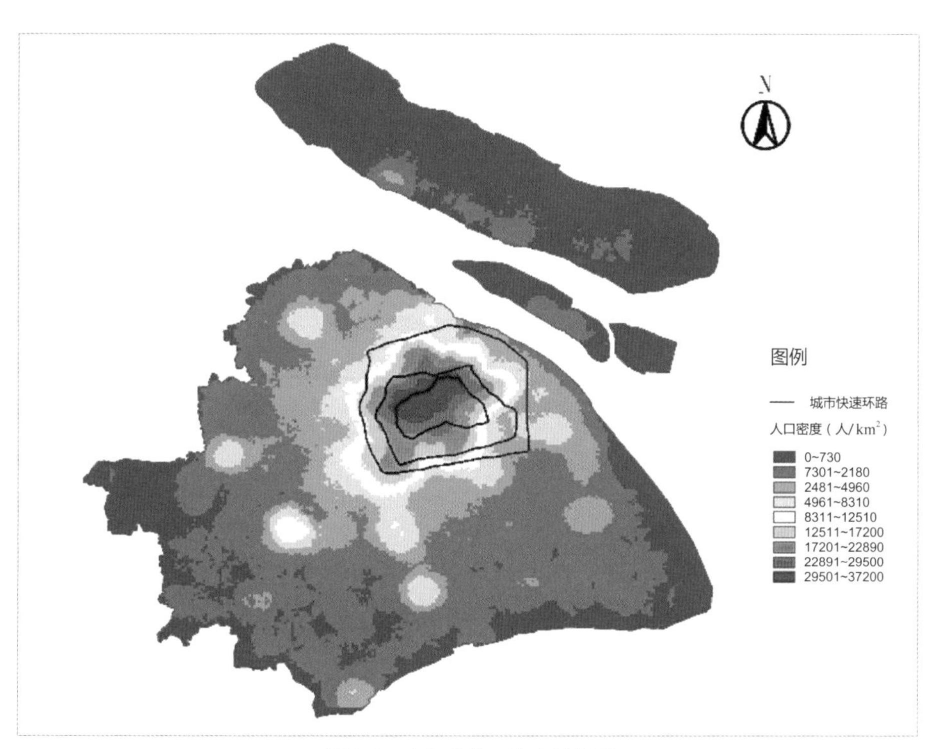

图 3-61 上海市人口密度分布图

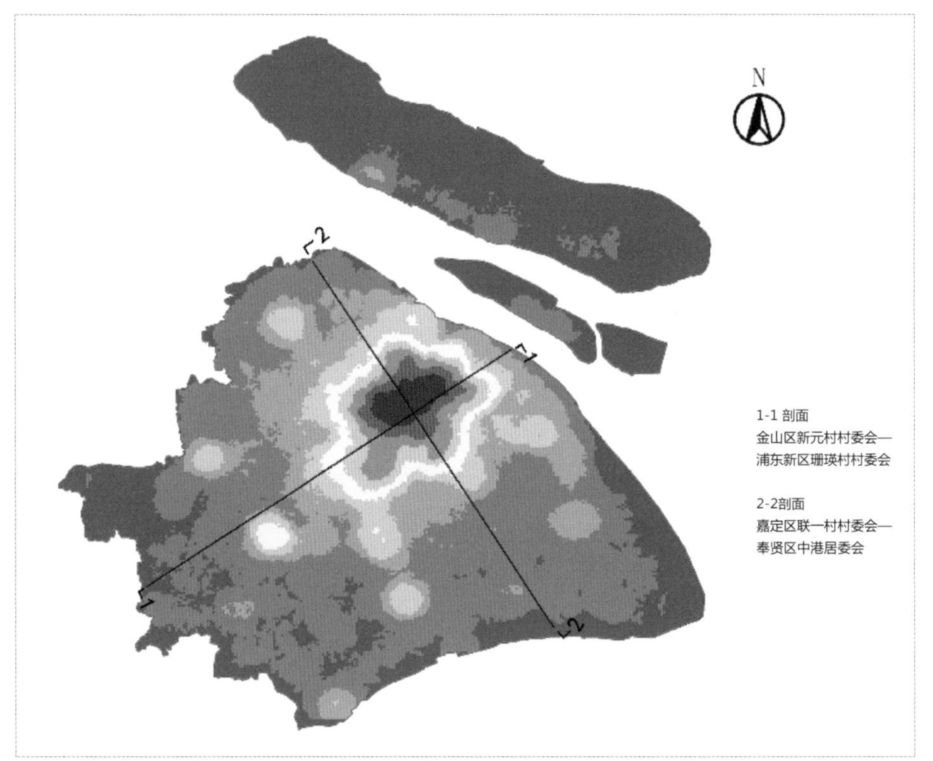

图 3-62 剖切线位置示意图

从图中分析结果，首先可以看出，常住人口在空间分布上也呈明显的圈层分布，加之消费者购物习惯的影响，可以得出，人口的圈层分布是导致超市、便利店呈圈层分布的主要原因。其次，图 3-63 和图 3-64 分别表示距中心点不同方向的距离上人口、超市、便利店的实际密度值，超市、便利店密度随人口密度变化而变化的趋势明显，而且常住人口密度变化较大的转折点也出现在距中心点 6km、14km 处，与超市、便利店特征圈层位置基本一致。据此可以进一步说明，城市环线影响着常住人口分布，进而影响超市、便利店的空间分布。

（2） 消费水平影响

住区的分布除与常住人口分布有较大关联外，不同住区房屋均价的差异也是该地区常住人口消费水平的体现。一般来说，高档住区为了能提供更多的便利性服务，往往在住区内或紧邻住区设置更多的便利店来为住区居民提供便利性购物及收发快递等服务；同时，高档住区内的居民由于消费水平较高，对商品价格的敏感程度相对较低，在时间成本和商品价格之间，他们更倾向于节约时间成本，这也是便利店选址的重要基础条件。

对超市、便利店分布与常住人口消费水平的关系研究中以“安居客”小区数据为基础，以不同均价的小区数据为原点，分别做 300 m 缓冲区，统计不同均价小区缓冲区内便利店数量；做 800 m 缓冲区，统计不同均价小区缓冲区内超市数量 [93]，统计结果见表 3-11，将小区、超市、便利店统计的比例数据做折线图如图 3-66 所示，“安居客”不同均价小区分布如图 3-65 所示。

表 3-11 不同均价小区便利店、超市数量及比例

小区住房均价（万元 /m²）	小区数量（个）	占总数比（%）	300 m 冲区内便利店数量	占总数比（%）	800 m 冲区内超市数量（个）	占总数比（%）
＞6	2 534	25.84	4 871	36.08	1 035	26.59
4.5～6	2 486	25.35	2 996	22.19	920	23.64
3～4.5	2 441	24.90	2 361	17.48	913	23.46
＜3	2 344	23.91	3274	24.25	1024	26.31

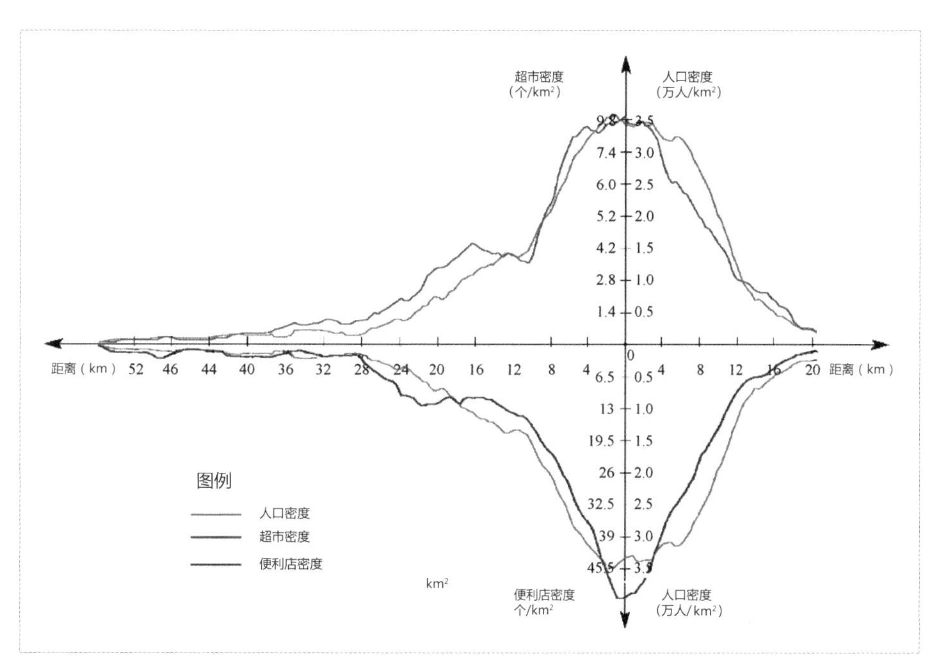

图 3-63 “1—1 剖面”人口、超市、便利店实际密度关系

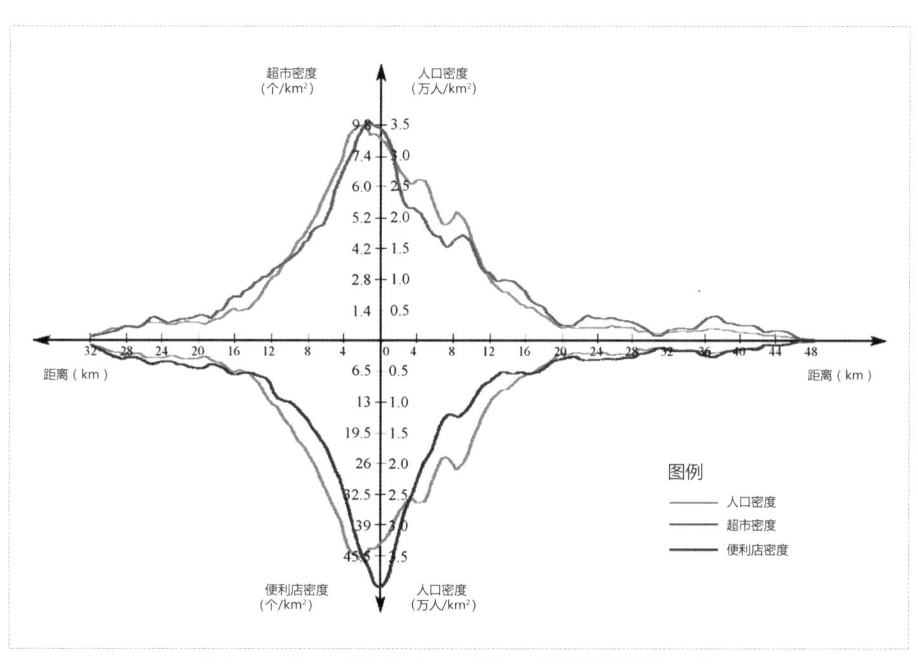

图 3-64 “2—2 剖面”人口、超市、便利店实际密度关系

图 3-65 安居客不同均价小区分布图

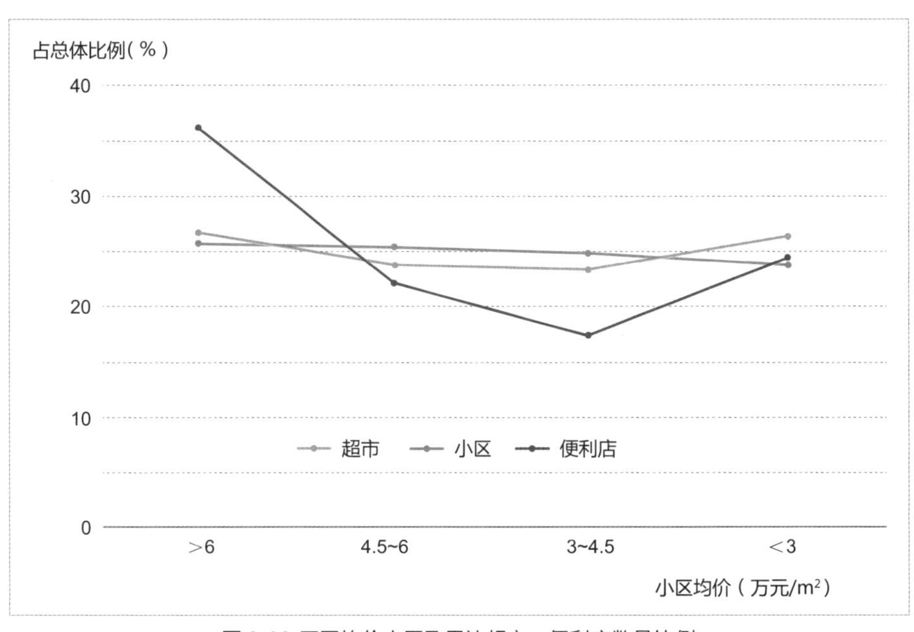

图 3-66 不同均价小区及周边超市、便利店数量比例

通过分析结果可以得出，由于高档住区内常住人口消费水平高，便利店在其内部和周边集聚程度也相对集中。在样本数据中，均价大于 6 万元 /m² 的小区数量占总量的 25.84%，但其 300m 覆盖范围内便利店数量却占到总量的 36.08%；随着小区住房均价的降低，平均每个小区周边的便利店数量也相对减少。低于 3 万元 /m² 小区缓冲区内便利店数量所有升高，一方面是因为该部分小区主要集中于区域中心，这些地区的房价和商业用地租金价格要普遍低于中心城区，另一方面，区域中心小区的常住人口消费水平

同样高于其周边地区。而以低价策略取胜的超市对常住人口消费水平的敏感度较低，所以不同均价的小区 800m 缓冲区范围内超市数量差别不大。此外结合表 3-11 可以得出结论，内环区域高价位小区集中分布，常住人口人均消费水平高，所以，该区域内便利店分布更为集中。

（3）人口流动影响

超市对流动人口的吸引力主要受所处商圈吸引力大小和交通便捷程度的影响，而便利店根据顾客来源可以分为人口聚居区为主要客源、兼顾当地居民和流动客源和以流动人口为主要客源三种不同的区位[94]；同时由于超市、便利店布局规模和服务特征等不同，便利店受人口流动影响更为显著。

上海市内环以内是市级商业中心集中布局的地区，各商业中心发展都较为成熟，主要的商业中心有：南京东路市级商业中心、南京西路市级商业中心、淮海路市级商业中心、豫园市级商业中心、四川北路市级商业中心、徐家汇市级商业中心、小陆家嘴—张杨路市级商业中心以及中山公园市级商业中心，同时该地区还有着豫园、城隍庙、外滩、上海博物馆、杜莎夫人蜡像馆等诸多旅游景点。商业中心集聚及旅游景点的吸引力使得该地区有着大量的流动人口，他们对购物的便利性有着较高的要求；同时由于该地段地租相对较高，在常住人口数量变化不大的情况下，占地面积较大、商品价格相对低廉的超市在地租理论的影响下会倾向于选择盈利大、风险小的外围区域进行选址布局。以上多种原因影响下形成了图 3-63、图 3-64、图 3-65 中内环区域超市密度略有降低，便利店密度持续升高且所占总数比例远高于超市占总数的比例，内外环之间超市的集中程度要高于便利店集中程度的现象。

3.4.4 典型实证案例研究

为了进一步比较超市、便利店区位选择的差异，并验证上述分析的合理性，选取地铁一号线站点周边不同的土地使用类型的地段进行实地调研。图 3-67（a）为绿地科技岛广场，包括三栋办公大厦和独立的商业裙房，按

图 3-67 闵行莘庄绿地科技岛广场及地铁明珠苑周边超市、便利店分布情况

图中编号依次分别为①全家便利店、②协明综合商店、③快客便利店和④友佳便利店；图 3-67（b）则为绿地科技岛广场紧邻的地铁明珠苑小区，按图中编号依次分别为：⑤好德便利店、⑥阿丘便利店、⑦快客便利店和⑧联华超市。结合前述研究，从便利店的位置选择、超市主入口的朝向、常住人口和人口流动等方面可以看出：

（1）便利店的主要服务群体除常住人口、流动人口外，还有典型的工作人群。图 3-67(a) 绿地科技岛广场为纯办公场所，独立裙房有少量商业、商务功能，裙房中的便利店选址都在面向办公大厦的一侧，而不是选择沿道路布局；同时，通过实地调研和观察，该处便利店顾客群体大多为本地上班人群。

（2）超市的服务人群以常住人口为主。首先，图 3-67（b）中超市在选址方面选择在常住人口主要出入的道路一侧；其次，超市的主要出入口选择在两个小区之间的支路上而不是面向人流较大的主要道路。这两方面都说明在人口流动较大的区域，超市的主要服务人群仍为常住人口。

3.4.5 结论与讨论

本章节以大数据为基础，以上海市超市、便利店为研究对象，利用 ArcGIS 的数据存储、分析和空间表达功能，探讨了上海市超市、便利店的空间分布格局和差异，并就造成这些差异的人口影响因素展开了深入的讨论，得到的主要结论有以下几点：

（1）上海市超市、便利店都呈现出明显的向心性圈层分布特征，但距中心点不同距离范围内超市、便利店密度的标准值和数量比例存在较大差异。主要表现为，距中心点 6km 范围内，便利店在密度标准值及该范围内便利店数量占总体数量的比例都要高于超市；距中心点 6 ～ 14km 范围内，该差异则完全相反；距中心点大于 14km 的范围超市、便利店分布差异明显缩小。据此可以说明，便利店选址更集中于城市中心，而超市在城市中心集聚程度较低，在城市中心与城郊之间集聚程度较高。

（2）城市环线影响下超市、便利店分布差异与圈层特征下分布差异基本一致。首先，城市环线与特征圈层在空间位置上高度匹配，内环与距中心点 6km 缓冲区相匹配、外环与距中心点 14km 缓冲区相匹配；其次，不同城市环线区域内超市、便利店数量比例与对应的特征圈层范围内超市、便利店数量比例高度匹配。由此可以推断，特征圈层的形成在很大程度上是受城市环线的影响。

（3）人口对超市、便利店分布差异的影响主要体现在人口分布、消费水平和人口流动等方面。从人口分布看，由于超市、便利店的服务特性和居民的购物习惯影响，一定规模的人口是超市、便利店选址的基础条件；从消费水平来看，由于便利店的商品价格普遍高于超市，因此便利店选址更倾向于对商品价格不敏感而对便利性要求较高的高消费水平区域，而以低价策略取胜的超市受消费水平影响较小，不同消费水平区域内超市分布数量仍以人口和居住小区分布为主要考虑因素；从人口流动来看，流动人口对购物的快速性和便利性往往有较高要求，在这一点上，便利店的优势要明显高于超市，故人口流动大的区域便利店分布要明显多于超市。

本章节以上海市为例，对市域范围超市、便利店空间分布特征、差异以及产生这些差异的人口影响因素展开了研究，但还存在以下不足：由于数据来源限制，未能从时空维度来对超市、便利店的空间发展路径展开研究，故可能对研究结果有所影响；另外，超市、便利店发展程度有所差异，将两者进行对比可能不够严谨。在接下来的研究中，首先希望能从数据方面弥补不足，使研究结果的可靠性更高；其次，希望能更多地结合实地调研，对超市、便利店选址布局的微观影响机制展开研究和讨论，为超市、便利店及其他零售商业选址提供更多的参考。

3.5 大数据在商业空间优化研究中的适用范围 [95-116]

3.5.1 宏观城市商业空间结构的研究

在宏观的城市商业空间结构研究中，相比于传统的以静态统计和抽样方法获得数据研究，依靠智能出行大数据分析技术可以实时对所有的大数据样本进行可视化和相关分析，可以更为全面客观地描述城市商业空间结构现状和问题，规划也获得了对于城市商业空间结构的动态评估和调控城市空间的手段。

大数据首先对城市商业空间结构进行了更精确、明细地描述和分析。其一，借助手机信令、出租车出行数据、商业网点空间信息等大数据类型，可以在一定程度上反映并描述城市的商业空间结构，使得城市商业空间结构的可视化更为精确、客观。其次，大数据的分析方法可以定量研究城市商业空间结构的影响因子，并具体量化影响因子的影响程度，探讨城市商业空间结构在空间分布与时空关系的规律性，例如通过对上海浮动车 GPS 数据的挖掘验证了多中心背景下城市商业中心与交通吸引和相互作用的客观规律。此外，相比于传统中心地理论中对于商业空间结构的理论，大数据可从消费者行为理论的角度出发分析在实际使用中的城市商业空间结构，丰富了城市商业空间结构的研究维度，并可以验证受到时代挑战的传统商业空间结构理论，如中心地理论等。

其次，大数据的应用能对城市商业空间结构进行动态、定量评估。在总结城市宏观商业空间结构规律和影响因子的基础上，大数据还能够反映市民对商业空间的实时需求，通过对比现实的商业空间供给结构与市民商业空间需求，能够精确地对城市商业空间结构进行定量分析，对于整体上的商业空间圈层体系、商业规模量的把控更为精准明确。例如对商业网点布局与人口布局进行耦合分析，使得商业网点的规划选址更好地适应人口分布的变化，向城市外围和“盲区”引导商业网点的布局，将商业网点与居住小区整合规划，优化城市空间结构。

最后，在宏观商业结构描述和评估的基础上，大数据技术可以应用于实时的城市商业用地空间调控。在宏观城市管理层面，实时反映不同地区的商业空间需求，进行城市公共服务的实施调控。

3.5.2 中观城市商业用地的适宜性评价

在中观的城市商业空间研究中，大数据分析技术可以实现局部城市商业空间与各个城市功能板块之间的关系评估，进行商业用地适宜性的评价，用来判断城市不同商业用地的性质和规模。借助数据挖掘发现，用多准则模型提取出来的商业用地适应性得分，可以作为划分商业用地、混合用地的决策依据。

首先，可以利用大数据分析片区级商业中心的能级和商业圈层属性，一方面针对中观层面片区级的商业用地结构进行分析评估，使得在中观层面上，探讨商业中心圈层分布与相关影响因子是否形成良好的匹配关系。

其次，可以基于基于大数据和城市空间信息相融合的分析方法，对某个片区内的商业用地布局与整体片区的空间布局、交通配置、人口密度、人口特征以及商业空间需求相对比，分析在片区层面的不同商业业态分布，为中观层面更好地整合商业用地的性质与规模，为中观层面对商业用地布局进行决策分析做支持。例如武汉市对规划编制单元的商业活动需求较高的区域进行评估，预测编制单元的商业需求程度，同时，借助同人口密度分布的叠加，可以发现各编制单元商业需求的合理性。从而，根据人口密集度、各单元商业设施现状确定商圈等级和商业业态配置。

最后，大数据技术使得对于城市某个特定片区的商业用地进行个性化的布局研究。由于影响商业用地的重要因素较多，在城市不同片区具有不同的历史沿革、人口结构、人口规模、片区特征、地形地貌等等影响要素的差异，对比现实的商业用地布局，不同片区的各个影响要素权重也有所不同，传统的商业用地布局在中观层面局限于粗略地定量分析，大数据的分析技术使得对每个片区进行精细化的分析研究成为可能。具体而言，影响片区商业用地布局的因素包括片区消费者的行为特征、片区发展历史、地形地貌（如水域和山地格局的影响等）、片区周边其他人流密集的主要功能区之间的相互关系、特定商业业态的市场规律、片区人群消费水平等，这一系列的影响因子均可以基于大数据技术来针对某个特定片区的商业用地布局构建商业用地布局的模型，大数据技术使得商业空间布局更为精细化，并具有动态性。

3.5.3 微观城市商业业态布局的研究

传统的微观商业空间分析主要是以物质空间环境为重点，包括功能结构、空间体系、规划布局等。而以大数据作为微观商业空间布局的研究手段，一方面是从空间活动主体——消费者的角度出发，关注消费者行为与微观商业空间环境之间的关系；另一方面是在微观尺度上，研究商业空间布局的影响要素及其形成的影响机制。

从消费者角度出发的微观商业空间研究，主要是通过小尺度的POI数据、手机信令数据分析，针对特定商业空间，如某商业街、商业综合体等，结合定量分析方法，对微观层面的商业空间进行消费者行为的模拟分析，主要包括三个层面的研究内容。其一，是消费者在微观商业空间中是如何分布的，不同的空间活动具有怎样的时空特征，包括人流量、停留人次、消费金额等要素的空间分布基本特征；其二，是从复杂多样的个体空间行为中总结出典型的空间消费模型规律，包括消费空间行为的属性特征、典型的空间路径等内容；其三是从消费者行为视角对商业街、商业综合体等特定商业空间进行空间绩效评价，对其商业功能分区、业态布局、空间形式组织等内容提出分析改进建议。对于基于消费者空间行为的研究，以及由空间行为所引发的微观尺度下商业空间布局研究，现有的IPO数据、出租车GPS数据是远远不够的。要深入研究小尺度区域内的商业空间问题，还要依靠手机信令的实时动态数据反映消费者的行为习惯，从而实现微观商业空间的优化布局。

对微观商业空间的影响机制研究，主要是借助于大数据的真实性、海量数据特点，通过一系列的数据分析手段，对地块尺度上的商业设施进行分析研究。例如，通过分析商业设施空间布局与临街区位的相关度、商业空间设施属性与道路距离的关系等，分析在微观层面影响商业业态、空间布局的各个影响因子及其构成的影响机制，从而在微观层面调整商业业态的属性、规模、空间布局，提升商业设施的空间绩效。另外，通过利用计算机图形学算法和几何学算法的结合，分别用以分析和检验商业建筑空间中的店铺均好性、交通空间服务能力和商业空间的体验性，重新组织和调整商业建筑的空间。

总之，现阶段微观层面的商业空间大数据的研究应用，更多地集中在微观商业空间布局规律的研究方面，体现在对微观商业空间功能布局、业态组织、空间结构提出优化建议，提升局部微观的商业空间使用效能。对于消费者空间行为习惯与微观商业空间布局规律的研究，还要从研究方法、数据来源等诸多方面展开，具有较大的研究空间。

本章参考文献

[1]Batty M. Big data, smart cities and city planning[J]. Dialogues in human geography, 2013, 3(3):274-279.
[2]Calabrese.F. Real-time urban monitoring using cell phones: a case study in Rome [J]. IEEE Transactions on intelligent transportation systems, 2010, 1(12):1-11.
[3] 王钊，杨山．多中心城市区域城市蔓延冷热点格局及演化——以苏锡常地区为例 [J]. 经济地理 ,2015,07:59-65.
[4] LI B, Zhang D Q, Sun L, et al. Hunting or waiting? Discovering passenger-finding strategies from a large-scale real-world taxi dataset[C].8th IEEE International Workshop on Managing Ubiquitous Communications and Services, 2011:63-68.
[5] 班雷雨，霍欢，徐彪．基于移动数据的人群活动热点区域的发现 [J]. 中国科学技术大学学报 ,2015,10: 829-835, 863.
[6] Gang Pan, Guande Qi. Land-use classification using taxi GPS traces[J]. IEEE Transactions on Intelligent Transportation Systems, 2012, 1(12)1-11.
[7] 刘盼盼．基于空间聚类和 Weka 平台的出租车载客热点区域挖掘研究 [D]. 长春：吉林大学 ,2014.
[8] 王郑委．基于大数据 hadoop 平台的出租车载客热点区域挖掘研究 [D]. 北京：北京交通大学，2016.
[9] 姜怀龙．合肥市城市商业用地集约利用度评价研究 [D]. 济南：山东农业大学 ,2012.
[10] 黄晨．城市商业用地的节约利用评价研究 [D]. 武汉：华中科技大学 ,2008.
[11] 毛克彪，田庆．空间数据挖掘技术方法及应用 [J] 遥感技术与应用 2002(8):199-203
[12] 陈勇．城市空间评价方法初探——以重庆南开步行商业街为例 [J] 土木建筑与环境工程 1997,19(04):38-46
[13] Burgess E W. The growth of the city//The city: Suggestions of investigation of human behavior in the urban environment // Park R E , Burgess E W, Mc Kenzie R D. Chicago: University of Chicago Press, 1925: 47-62.
[14] Hoyt H. One Hundred Years of Land Value in Chicago. Chicago: University of Chicago Press.1933.
[15] Harris C D, Ullman E L. The nature of cities. Annals of the American Academy of Political and Social Science, 1945,242:7-17.
[16] Dear M, Flusty S. Postm O/Dern Urbanism. Annals of the Association of American Geographers, 1998, 88(1): 50-72.
[17] Scott A J, Soja E W. The City: Los Angeles and Urban Theory at the End of the Twentieth Century. Los Angeles:University of California Press, 1996.
[18] Gordon P, Richardson H W, Wong H L. The distribution of populate and employment in a polycentric city: The case ofLos Angeles. Environment and Planning A, 1986, 18(2): 161-173.
[19] Mc Millen D P, Mc Donald J F. A nonparametric analysis of employment density in a polycentric city. Journal ofRegional Science, 1997, 37(4): 591-612.
[20] Lin G C S, Mal J C. The role of towns in Chinese regional development: The case of Guangdong Province. International Regional Science Review, 1994, (1): 75-97.
[21] Taylor P J, Evans D M, Pain K. Application of the interlocking network MO/Del to mega- city- regions: Measuringpolycentricity within and beyond city-regions. Regional Studies, 2008, 42(8): 1079-1093.
[22] Hall P G, Pain K. The polycentric metropolis: Learning from mega-city regions in Europe. Earthscan/James & James,2006.
[23] Giuliano G, Small K A. Subcenters in the Los Angeles region. Regional Science and Urban Economics, 1991, 21(2):163-182.
[24] Taylor P J, Evans D M, Hoyler M. The UK space economy as practised by advanced Pr O/Ducer Service Firms:identifying two distinctive polycentric city-regional processes in contemporary Britain International. Journal of Urbanand Regional Research, 2009, 33(9): 700-718.
[25] Kohlhase J E, Ju X. Firm location in a polycentric city: The effects of taxes and agglomeration economies on locationdecisions. Environment and Planning C, 2007, 25(5): 671.
[26] Hall P. Looking backward, looking forward: The city region of the mid- 21st century. Regional Studies, 2009, 43(6):803-817.
[27] Yan Xiaopei, Yi Liu Louis, Zhou Suhong. The pluralization and government- planned mechanism of the centralbusiness district in Shenzhen, China. Pr O/Ducer Services in China, Anthony G. O. Yeh and Fiona F. Yang, Routledge,290-313, USA, 2013/01/01.
[28] Burgess E W. The growth of the "City in The City". Chicago: University of Chicago Express, 1925: 47-62.
[29] 闫小培，周春山，冷勇．广州 CBD 的功能特征与空间结构．地理学报，2000, 55(4): 475-486.
[30] Murphy R E, Vance J E. Delimiting the CBD. Economic Geography, 1954, 30(3): 189-222.
[31] De Blij H J. The functional structure and central business district of Lourenco Marques, Mocambique. EconomicGeography, 1962, 38(1): 56-77.
[32] Nelson A C, Burby R J, Feser E. Urban containment and central-city revitalization. Journal of the American PlanningAssociation, 2004, 70(4): 411-426.
[33] Coffey W J, Polese M, Drolet R. Examining the thesis of Central Business District decline: Evidence from theMontreal metropolitan area. Environment and Planning A, 1996, 28: 1795-1814.
[34] 刘逸，闫小培，周素红．中外 CBD（中央商务区）研究分析与比较．城市规划学刊，2007, (1): 25-32.
[35] Alonso W. Location and Land[M]. Use. Cambridge, Mass: Harvard University Press, 1964.
[36] 陈一新．中央商务区 (CBD) 城市规划设计与实践 [M]. 北京：中国建筑工业出版社，2006.
[37] Dowall D E, Alan T P. Spatial transformation in cities of the developing world: multinucleation and land-capitalsubstitution in Bogota, Colombia. Regional Science and Urban Economics, 1991, 21(2): 201-224.
[38] 刘安国，杨开忠．克鲁格曼的多中心城市空间自组织模型评析 [J]. 地理科学，2001, 21(4): 315-322.
[39] 张祖林．地理学中的计量革命与实证主义方法论 [J]. 自然辩证法研究，1991, (12): 8-14.
[40] 毛夏，徐蓉蓉，李新硕．深圳市人口分布的细网格动态特征 [J]. 地理学报 ,2010, 65(4): 443-453.
[41] Reades J, Calabrese F, Ratti C. Eigenplaces: Analysing cities using the space- time structure of the mobile

phonenetwork. Environment and Planning B: Planning and Design, 2009, 36(5): 824-836.
[42] Herrera J C, Work D B, Herring R. Evaluation of traffic data obtained via GPS- enabled mobile phones: The mobilecentury field experiment. Transportation Research Part C: Emerging Technologies, 2010, 18(4): 568-583.
[43] Gao S, Wang Y, Gao Y. Understanding urban traffic- flow characteristics: A rethinking of betweenness centrality.Environment and Planning B: Planning and Design, 2013, 40(1): 135-153.
[44] Li Q, Zhang T, Wang H. Dynamic accessibility mapping using floating car data: A network- constrained densityestimation approach. Journal of Transport Geography, 2011, 19(3): 379-393
[45] 申悦，柴彦威 . 基于 GPS 数据的城市居民通勤弹性研究：以北京市郊区巨型社区为例 . 地理学报 , 2012, 67(6): 734-744.
[46] 陈伟新 . 国内大中城市中央商务区近今发展实证研究 . 城市规划 , 2003, (12): 18-23.
[47] 蒋朝晖 . 中国大城市中央商务区 (CBD) 建设之辨 . 国际城市规划 , 2005, (4): 68-71.
[48] Redfearn C L. The topography of metropolitan employment: Identifying centers of employment in a polycentric urbanarea. Journal of Urban Economics, 2007, 61(3): 519-541.
[49] Greene R P. Urban peripheries as organizers of what remains of the center: Examining the evidence from Los Angelesand Chicago. Urban Geography, 2008, 29(2): 138-153.
[50] Cladera J R, Duarte C R M, Moix M. Urban structure and polycentrism: Towards a redefinition of the sub-centreconcept. Urban Studies, 2009, 46(13): 2841-2868.
[51] 仵宗卿 , 戴学珍 . 北京市商业中心的空间结构研究 [J]. 城市规划 ,2001,25(10):15-19.
[52] Dawon J A. Retailing Geography[M]. London: CroomHelm, 1980.
[53] Louise Crewe. Geographies of Retailing and Consumption[J].Progress Human Geography,2000(2).
[54] Saral, Malaffety, Ghosh Avijit, Multipurpose Shopping and Location of Retailing Firm[J]. Geographical Analysis,1986(3)
[55] Rafael Suárez-Vega, Dolores R. Santos-Penate, PabloDorta-González. Location Models and GIS Tools for RetailSite Location[J]. Applied Geography, 2012,35(2):12-22.
[56] Poter R B. Correlates of the Functional Structure ofUrban Retail Areas: An ApproachEmploying MultivariateOrdination[J]. The Professional Geographer, 1981,3(2):208-215.
[57] Lloyd W J. Changing Suburban Retail Patterns inMetropolitan Los Angeles[J]. Association of AmericanGeographers, 1991, 3(3):335-344.
[58] 刘胤汉 , 刘彦随 . 西安零售商业网点结构与布局探讨 [J]. 经济地理 , 1995, 15(2): 64-69.
[59] 仵宗卿 , 柴彦威 . 论城市商业活动空间结构研究的几个问题 [J]. 经济地理 , 2000, 20(1): 115-119.
[60] 张珣，钟耳顺，张小虎，等 . 2004—2008 年北京城区商业网点空间分布与集聚特征 [J]. 地理科学进展 , 2013, 32(8)：1207-1215.
[61] 柴彦威 , 翁桂兰 , 沈洁 . 基于居民购物消费行为的上海城市商业空间结构研究 [J]. 地理研究 , 2008,27(4): 897-906.
[62] 王德，李光德，朱玮 , 等 . 苏州观前商业街区消费者行为模型构建与应用 [J]. 城市规划，2013，37(9):28-33.
[63] 王宝铭 . 对城市人口分布与商业网点布局相关性的探讨 [J]. 人文地理，2001,10(1):36-39.
[64] 薛娟娟，朱青 . 北京市零售商业空间分布研究 [J]. 商业研究 , 2006, 14(346):32-35.
[65] 林耿 . 中心城区商业业态空间与房地产开发——以广州市越秀区为例 [J]. 地域研究与开发 , 2009，(2):49-56.
[66] 周素红，林耿，闫小培 . 广州市消费者行为与商业业态空间及居住空间分析 [J]. 地理学报，2008，63(4):395-404.
[67] 叶强，曹诗怡，聂承锋 . 基于 GIS 的城市居住与商业空间结构演变相关性研究——以长沙为例 . 经济地理 , 2012,32(5):65-70.
[68] 王芳，高晓路，许泽宁 . 基于街区尺度的城市商业区的识别与分类及其空间分布格局——以北京为例 . 地理研究 ,2015,34(6): 1125-1134.
[69] Silverman B W. Density Estimation for Statistics and Data Analysis[M].New York: Chapman & Hall, 1986.
[70] 王法辉 . 基于 GIS 的数量方法与应用 [M]. 姜世国 , 滕骏华，译 . 北京：商务印书馆 ,2009.
[71] 王劲峰，廖一兰，刘鑫，等 . 空间数据分析教程 [M]. 北京：科学出版社，2010.
[72] 贺灿飞，潘峰华 . 产业地理集中、产业集聚与产业集群：测量与辨识 [J]. 地理科学进展 , 2007, 26(2): 1-13.
[73] 张子民，周英，李琦，等 . 城市局域动态人口估算方法与模拟应用 [J]. 地球信息科学学报 , 2010, 12(4): 503-509.
[74] 戚伟，李颖，刘盛和，等 . 城市昼夜人口空间分布的估算及其特征——以北京市海淀区为例 [J]. 地理学报，2013,68(10):1344-1356.
[75] 张文忠，李业锦 . 北京市商业布局的新特征和趋势 [J]. 商业研究，2005(316):170-172.
[76] 马清裕，张文尝 . 北京市居住郊区化分布特征及其影响因素 [J]. 地理研究 , 2006, 25(1): 121-130.
[77] 汪晶 . 湖南省零售商业空间分布特征及影响因素研究 [D]. 长沙：湖南师范大学文 .2014(5):.
[78] 周晓燕 . 城市零售商业合理布局研究 [D]. 济南：济南大学 .2013(5).
[79] 陈建东 . 城市零售商业空间布局研究——以济南市为例 [D]. 济南：济南大学 .2010(5).
[80] 林云瑶 . 上海市购物中心区位选择分析 [D]. 上海：华东师范大学 .2015(5).
[81] 李若雯 . 北京零售商业与人口发展关系研究 [D]. 北京：首都经贸大学 . 2007(3).
[82] Goldman A. Supermarkets in China：the case of Shanghai ［J］.The International Review of Retail,Distribution and Consumer Research,2000,10(1):1-21.
[83] 王凌云 . 大型超市选址的影响因素——以杭州市为例 [D]. 杭州：浙江工业大学 .2011(12).
[84] 李花 , 张志斌等 . 兰州市大中型超市的空间分布格局及其影响因素 [J], 经济地理 .2016(9):85-93.
[85] 李强 , 王士君等 . 长春市中心城区大型超市空间演变过程及其机理研究 [J], 地理科学 .2013(5):553-561.
[86] 董彦景 . 西安市大型超市与人口空间分布关系分析 [D]. 西安：西北大学 .2012(6).
[87] 李莉 . 太原市唐久连锁便利店选址评价研究 [D]. 太原：山西大学 .2011(6).
[88] 郭崇义 . 便利店区位类型研究——以北京、广州等城市便利店周边环境调研为例 [J], 商业经济与管理 . 2005(11):38-44.
[89] 2016 年版上海零售业市场现状调查与发展前景分析报告 [R], 中国产业调研网 .2016.
[90] 上海市第三次经济普查主要数据公报（第一号）, 上海市统计局 .2015(02).
[91] 李花 , 张志斌等 . 兰州市大中型超市的空间分布格局及其影响因素 [J], 经济地理 .2016(9):85-93.
[92] 李小建 . 经济地理学 [M].2 版北京：高等教育出版社 , 2006.
[93] 冯健 , 陈秀欣等 . 北京市居民购物行为空间结构演变 [J]. 地理学报 .2007(10),P1083-1096
[94] 尤晓瑛 . 上海市区域商业中心的区位引力问题研究 [D]. 上海：上海社会科学院 .2008(5)
[95] Christaller W, Baskin C W. Central Places in Southern Germany[J]. Physical Review E Statistical Nonlinear

& Soft Matter Physics, 1966, 67(2):118-126.
[96] 曹嵘，白光润．交通影响下的城市零售商业微区位探析 [J]. 经济地理 ,2003,02:247-250.
[97] Glaeser E L,Gaspar J. Information Technology and the Future of Cities[J]. Harvard Institute of Economic Research Working Papers. 1998,43(1):136-156.
[98] Hillier B, Hanson J, Graham H. Ideas are in things- an application of the space syntax method to discovering house genotypes [J]. Environment and Planning B: Planning and Design, 1987, 14(4): 363-385.
[99] Hillier B, Iida S. Network and psychological effects in urban movement [M]. Spatial Information Theory, Springer Berlin Heidelberg, 2005, 475-490.
[100] 黄莹，甄峰，汪侠，等．电子商务影响下的以南京主城区经济型连锁酒店空间组织与扩张研究 [J]. 经济地理．2012(10):56-62.
[101] 胡志毅，张兆干．城市饭店的空间布局分析——以南京市为例 [J]. 经济地理．2002(01):106-110.
[102] 刘卫东．论我国互联网发展及其潜在的影响 [J]. 地理科学进展 ,2002,21(3):347-356.
[103] 路紫，王文婷，张秋娈，等．体验性网络团购对城市商业空间组织的影响 [J]. 人文地理．2013(05):101-104+138.
[104] 梁璐．城市餐饮业的空间格局及其影响因素分析——以西安市为例 [J]. 西北大学学报（自然科学版）. 2007(06):925-930.
[105] 李新阳．上海市中心城区餐饮业区位研究 [D]. 上海：同济大学 ,2006.
[106] 冒亚龙，何镜堂．数字时代的城市空间结构——以长沙市为例 [J]. 城市规划学刊．2009(04):14-17.
[107] Subramanian H,Overby E. The Effect of Electronic Commerce on Market Integration and Spatial Arbitrage.: Georgia Institute of Technology, Scheller College of Business. 2015.
[108] Weltevreden J W J. Substitution or complementarity? How the Internet changes city centershopping[J]. Journal of Retailing and Consumer Services. 2007,14(3):192-207.
[109] 王德，王灿，谢栋灿，等．基于手机信令数据的上海市不同等级商业中心商圈的比较——以南京东路、五角场、鞍山路为例 [J]. 城市规划学刊．2015(03):50-60.
[110] 王德，张晋庆．上海市消费者出行特征与商业空间结构分析 [J]. 城市规划 ,2001,10:6-14.
[111] 仵宗卿，戴学珍．北京市商业中心的空间结构研究 [J]. 城市规划 ,2001,10:15-19.
[112] 张波．O2O: 移动互联网时代的商业革命 [M]. 机械工业出版社．2013.
[113] 甄峰，刘晓霞，刘慧．信息技术影响下的区域城市网络：城市研究的新方向 [J]. 人文地理．2007(02):76-80+71.
[114] 曾思敏，陈忠暖．国外网上零售商业空间及其影响效应研究综述 [J]. 人文地理．2013(01):36-42.
[115] 赵永华．面向土地混合使用的规划制度研究 [D]. 上海：上海交通大学 ,2014.
[116] 张旭，徐逸伦．南京市餐饮设施空间分布及其影响因素研究 [J]. 热带地理．2009(04):362-367.

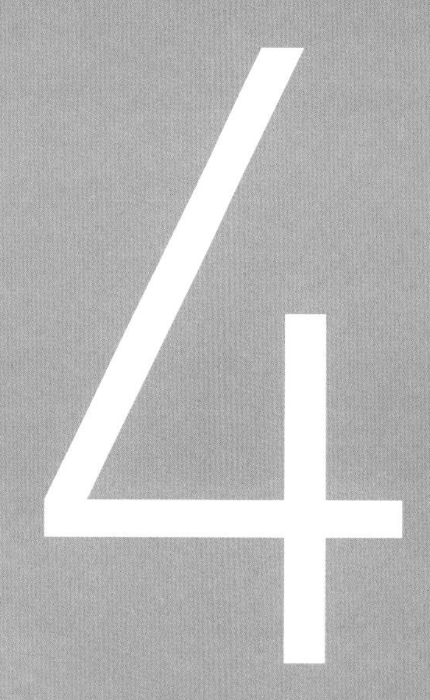

基于大数据的商业空间布局优化决策支持平台

随着经济的发展和商业空间的多元化趋势的到来，城市商业空间布局优化的问题将亦趋复杂，商业空间布局规划的前期定量分析对后续规划编制和决策的指导作用将逐步增大，尤其结合大数据的分析可获得海量动态实时的数据信息流，将拓展商业空间布局研究的深度和广度。

基于大数据的规划决策支持离不开信息平台的支撑，目前，针对商业空间布局优化的工具仍集中在以地理空间分析功能为基础的 ArcGIS 扩展模块（例如已集成在 ArcGIS Toolbox 中用于用地选址的 location-allocation 模型）或者单独封装的小工具（例如集成了 Ripley's *K* 函数及最邻近距离分析等空间分析模块的 Crimestat 软件）。由于城市规划与地理信息系统在专业上关注点的差异，城市规划师很难迅速掌握复杂的地理信息平台的操作技巧，这种情况导致大量的定量分析工具在城市设计及城市规划中应用十分局限。如果通过技术手段将 GIS 强大的空间分析、信息管理等功能与传统规划业务有效结合在一个通用平台上，可将规划师从大量机械性、重复性的制图工作中解放出来，从而可以将精力集中在规划方法研究和规划方案设计上，提高城市规划工作的效率和城市规划方案的科学性，也将充分发挥 GIS 技术在数字城市规划工作中的作用。

有关规划与地理信息系统相结合的规划支持系统，国内外从 20 世纪 80 年代就已经开始着手研究，已经基于 ArcGIS 平台产生了多个在规划中解决实际问题的商业化软件，例如适用于土地适宜性分析、政策控制等功能的 What-If 软件和适用于情景规划、增长评估等功能 CommunityVIZ 软件。

本书研究中，运用了一些单一算法和空间统计工具，在使用工具过程中发现如下几个问题：

1．工具方法集成性差，使用不便捷

本书一直借助 ArcGIS 平台来分析处理数据，该平台提供了一些基础方法，对于需要延伸分析的内容，还要借助一些基于这些基础方法的延伸工具来处理。这些延伸工具很多来自于第三方，需要具备较强专业知识基础的条件下，去寻找、学习相关软件才可以运用。例如 Ripley's *K* 函数就存在 Ripley 建立的 Ripley's $K(r)$ 和 Besag 提出的 Ripley's $L(r)$ 两个计算公式。前者是可以在 ArcGIS 中直接调用的，而后者就要在 Crimestat 软件中调用。此外，在商业空间优化过程中，会用到一些耦合分析的方法，同样需要调用外部工具，会造成操作上的繁琐步骤，这些都会降低分析过程的效率。

2. 工具使用的专业性太强

大数据分析工具的专业性体现在两个方面：第一，对于规划工作者而言，如果没有一定的数学基础，很难快速地理解空间分析方法体系中计算法及其差异，很多规划人员的数学基础恰恰成为了工作中的软肋。由于专业知识的限制，在一定程度上限制了分析实际问题的效率。而且，这些方法并不完全集成在 ArcGIS 软件中，需要规划设计人员在分别掌握不同软件的基础上，才能够运用。第二，ArcGIS 平台对工具软件使用常识的要求比较高，这集中体现在界面友好性方面。比如计算公式中如果不能准确区分全角、半角，那么计算工作就无法进行，且软件并没有纠错提示，造成造作困难。

基于本研究中遇到的问题，研究团队尝试搭建一个便于规划人员操作的空间优化平台，主要以 ArcGIS 为平台基础，增加开放性的模块和工具箱，拓宽适用领域，增强操作人员的实用性。

4.1 国内外成熟规划支持系统案例分析

1.WhatIf

WhatIf 是美国理查德·克洛斯特曼教授（Klosterman）和 ESRI 公司联合开发的可操作规划支持软件。软件基于 GIS 技术和 Scenario Planning 概念，为规划和决策支持提供良好的操作环境 [1]。该软件的核心思想来自产生于程序设计语言的条件语句，WhatIf 思想即是一种形象化的散发型思维，有时称之为 If Then 思想，其探索性思想的核心表现在探索一切可能，并实现其结果，以此来扩大我们认识问题的全面性，具有很强的逻辑性和因果性。

在国外，常常把 WhatIf 思想和情景规划（Scenario Planning）联系在一起，来分别表达我们对探索性决策支持的实现途径和预期结果，即如果关于未来的选择和假设正确的话（If），会出现怎样情形（then what scenario?）它不是为了追求准确地预测未来的唯一面貌，而是一个以多方案比选为导向的规划支持思想（图 4-1）。

WhatIf 软件将 If Then 思想与城市分析模型结合起来，将复杂的土地利用问题简化，提供了一套未来土地利用评价的模式（图 4-2）。假定某种政策实施，土地使用就会出现什么样的变化，虽然它并不能自动预测出某种

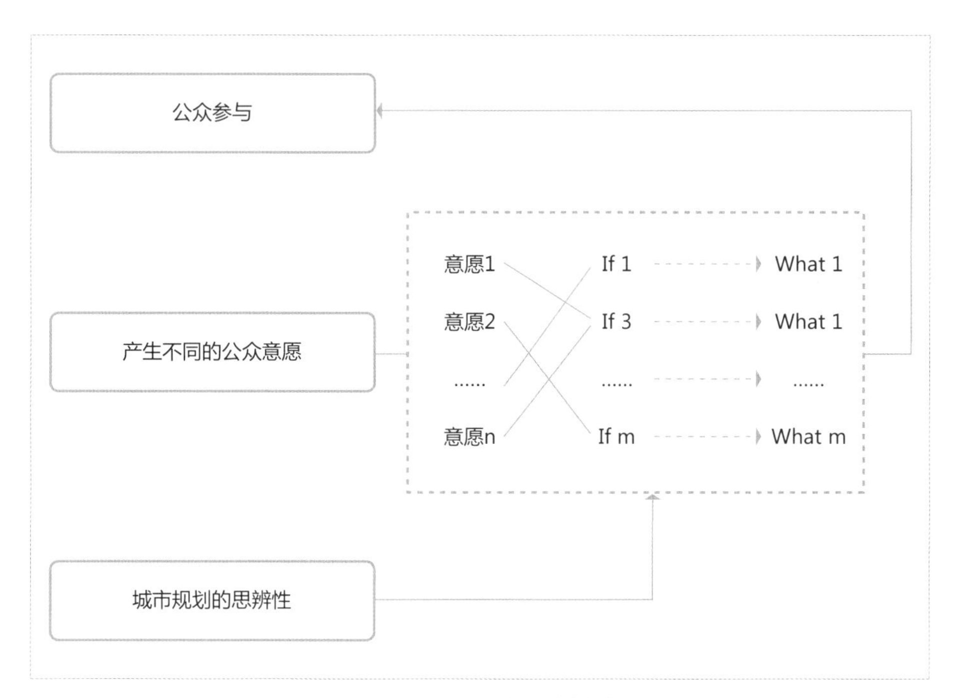

图 4-1 What If 思想与城市规划

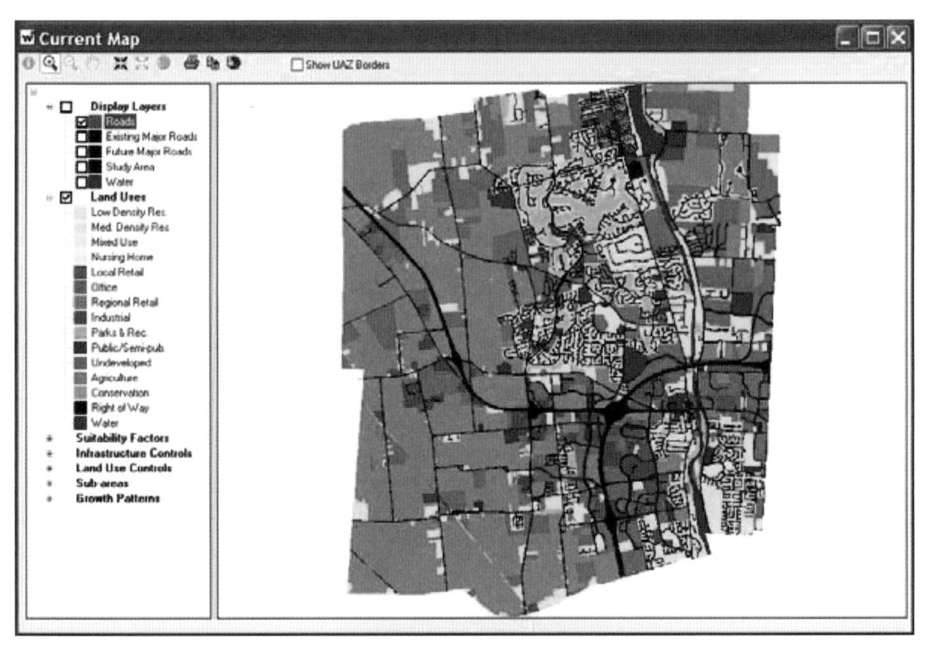

图 4-2 What-if 操作界面

最佳的方案，但是提供了一个多种政策、方案进行比较的平台 [2]。

WhatIf 软件核心包括三大模块：土地适宜性评价模块、土地需求预测模块与土地使用需求分配模块。一般工作流程为：首先进行土地适宜性评价，得到适宜性等级；再利用历年趋势和现状数据进行土地使用需求预测；根据模拟的政策的不同，将土地使用需求分配到各个地块上，从而得到模拟的未来土地使用情况。

What-If 所针对的用户是城规划中的专业人员和决策者，适用于快速城市化地区的土地使用规划分析，在国内外城市规划编制及研究项目中应用也十分广泛，其中较为成功的应用有：美国俄亥俄州 Medina 县的农田保护政策评估 [3]；澳大利亚 Hervey 湾地区土地利用规划 [4]；武汉大学教授杜宁睿曾经将该软件应用于我国西部某县城的总体规划中，在空间规划中利用该工具进行了县城各类用地的需求预测以及土地利用适宜性评价 [5]；厦门大学教授李渊也在惠州市概念规划的分析中使用过该软件 [6]。

2. CommunityViz

CommunityViz 软件是美国 Orton 家族基金组织在美国环境模拟中心（Environmental Simulation Center，ESC）支持下由 Placeways 公司开发出品的基于 ArcGIS 平台的规划支持系统 [7]。

CommunityViz 软件的开发思想源自 Scenario Planning，在城市规划领域，情景规划即方案规划，是试图构造切实可行的未来城市发展模式的规划方法。方案规划的一个最重要的“产品”是可选方案或模拟方案（scenarios）。方案规划是产生、度量、分析、评价模拟方案的过程和方法。方案规划既是过程，又是方法和理念，包括政策分析和城市发展的监控，以便评估、评价规划方案实施的后果。在 CommunityViz 软件中的 scenario 就是表示规划模拟方案，每个模拟方案代表了不同的决策选择（图 4-3）。2006 年，丁成日将该方法工具应用于北京市总规规划修编工作中 [8]。

CommunityViz 软件 3.3 版本由两个运行于 ArcMap 环境中的工具条插件组成：Scenario360 和 SiteBuilder3D。

Scenario360 支持情景规划、用地适宜性分析、影响评估、增长模型和其他流行的技术，通过基于 GIS 的决策支持工具，将不同规划方案的影响直观地展现出来，以帮助规划人员、资源管理者、地方政府在地区发展、土地利用、交通、生态环境保护等方面做出决策。

SiteBuilder3D 是一款直接把二维地图转为三维场景，实现 ArcGIS 中地图向虚拟现实直接转换的软件。Scenario360 中的二维地图就可以转化为逼真的三维场景，有利于决策者更好地把握方案中对象的相互空间关系和对比不同方案所产生的影响。在 SiteBuilder3D 中，配有超过 350 种房屋、建筑物、树木以及街道的模型库用来帮助用户填充三维场景。

4.2 商业空间布局优化的大数据应用方法体系

随着经济的发展和商业空间的多元化趋势的到来，城市商业空间布局优化的问题将亦趋复杂，商业空间布局规划的前期定量分析对后续规划编制和决策的指导作用将逐步增大，尤其结合大数据的分析可获得海量动态实时的数据信息流，大规模拓展商业空间布局研究的深度和广度。

目前市场上针对商业空间布局优化的工具仍集中在以单一算法或空间分析功能为基础的 ArcGIS 扩展模块（例如已集成在 ArcGIS Toolbox 中用于用地选址的 location-allocation 模型）或者单独封装的小工具（例如集成了

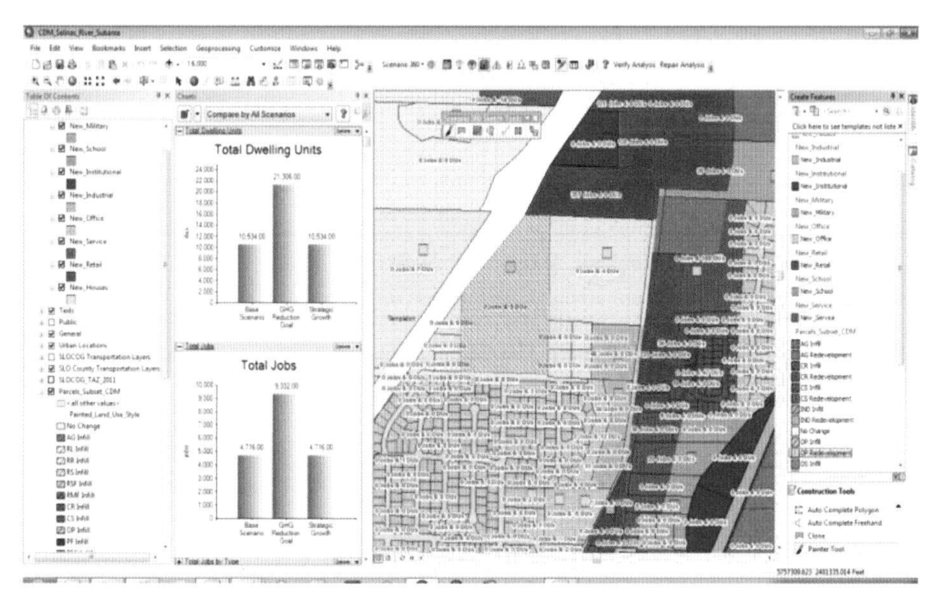

图 4-3 CommunityViz 操作界面

Ripley's *K* 函数及最邻近距离分析等空间分析模块的 Crimestat 软件）。

由于城市规划与地理信息系统在专业上关注点的差异，城市规划师很难迅速掌握复杂的地理信息平台的操作技巧，这种情况导致大量的定量分析工具在城市设计及城市规划中应用十分局限。大数据应用的研究刚起步，受数据获取等技术手段复杂性和专业性的局限，目前在城市规划领域应用十分局限。

因此，现阶段梳理各类关于大数据处理和应用技术，建立应用广泛的城市商业空间布局优化实践的大数据应用方法体系，以简单明了的方式集成应用，对于城市规划决策具有重大的意义。可以采用技术手段将 GIS 强大的空间分析、信息管理等功能与传统规划业务有效结合在一个通用平台上，将规划师从大量机械性、重复性的制图工作中解放出来，从而可以将精力集中在规划方法研究和规划方案设计上，提高城市规划工作的效率和城市规划方案的科学性，充分发挥 GIS 技术在数字城市规划工作中的作用。

4.2.1 方法体系构建

目前，在城市规划领域，对于大数据的应用主要还集中在宏观层面的群体行为和空间布局的研究，所采用的分析方法也十分集中。但是由于应用尚处于初步探索阶段，因此所采用的各类分析方法门类众多，各种解决单一问题的小工具、小软件也层出不穷，亟需系统化地整理和分类，并通过平台的方式整合以辅助应用。

城市商业空间布局优化实践的大数据应用方法体系主要分为基础技术方法及城市商业空间布局优化方法集成两大方面（图 4-3）。

4.2.2 大数据获取方法

大数据获取的渠道有三种，分别为官方统计渠道积累的权威数据、企业

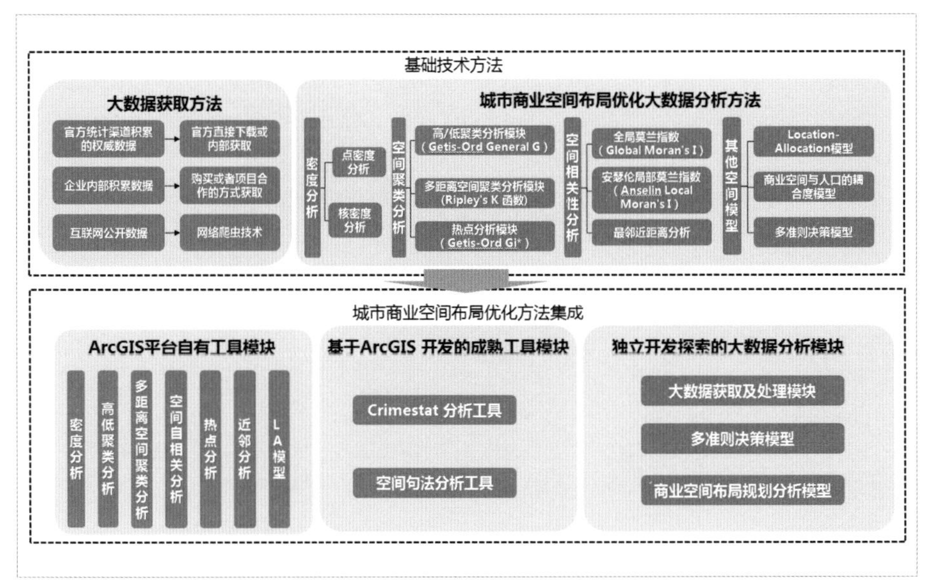

图 4-3 城市商业空间布局优化实践大数据应用方法体系

内部积累数据与互联网公开数据，不同的数据渠道拥有不同数据获取方法和形式。

1. 官方统计渠道积累的权威数据

在大数据领域，官方统计的权威数据质量是最高的，具有很高的权威性和全面性。例如国家统计系统历年积累的统计数据、各级政府部门及专业行业机构积累的历史资料以及历次国家普查项目（例如 2010 年开展的第六次全国人口普查以及每 10 年进行一次的全国农业普查）所发布的数据。但这些官方权威数据也存在公开数据过于概括、内部数据受保密机制影响应用不广泛等问题。

这一类大数据获取方式较为固定，可以通过官方直接下载或内部获取，并可通过与相关部门建立共享数据库来解决数据保密的问题。

2. 企业内部积累数据

各大型企业在常年运营中积累的数据对于城市规划研究十分有意义，尤其是与城市居民生活密切相关的城市商业空间布局优化研究等问题的研究。企业内部数据虽然不及官方统计数据完整权威，但是这类数据因为数据量庞大、数据保密性要求的可协商性等特征，目前在大数据规划领域应用相对较为广泛，但是受商业机密的限制，这类大数据的主要应用范围集中在企业内部和合作企业之间。

这一类大数据的获取方式比较灵活，可以通过购买或者项目合作的方式获取。

3. 互联网公开数据

除上述两大类数据外，还存在一种公开的、海量的大数据，即互联网上公开的信息构成的大数据，这一类数据以其绝对的公开性广受大数据研究人员的关注，与此匹配的互联网数据挖掘技术也不断进步。

这一类大数据的获取方式最为灵活，通过相应的技术手段可以直接在互联网中抓取，目前应用比较多的是网络爬虫技术。

4.2.3 城市商业空间布局优化大数据分析方法

与其他商业应用领域集中于群体行为纯数据筛选和统计分析不同，在城市规划商业空间布局优化领域，由于大数据在城市规划中的应用研究还处于起步阶段，目前主要涉及的分析技术也较为集中，主要在以空间位置为基础的空间分析方面。

1. 密度分析

密度分析是通过离散点数据或者线数据进行内插的过程。通过密度分析，可以将测量的来的点或者线生成连续表面，从而找出点或者线比较集中的区域。密度分析是根据输入要素数据计算整个区域的数据聚集状况。根据插值原理不同，主要分为核密度分析和普通的点 / 线密度分析。

这两种分析方法的区别在于，对于点密度和线密度，需要指定一个邻域以便于计算出各输出像元周围像元的密度。而核密度则可将各点的已知总体数量从点位置开始向四周分散。在核密度中，在各点周围生成表面所依据的二次公式可为表面中心（点位置）赋予最高值，并在搜索半径距离范围内减少到零。对于各输出像元，将计算各分散表面的累计交汇点总数。

（1）点密度分析

点密度分析工具用于计算每个输出栅格像元周围的点要素的密度。从概念上讲，每个栅格像元中心的周围都定义了一个邻域，将邻域内点的数量相加，然后除以邻域面积，即得到点要素的密度。

利用 ArcGIS Toolbox 点密度分析工具，可以实现点密度分析，分析结果中每个栅格像元中心的周围都定义了一个邻域（邻域可以使用圆形、矩形、环形、楔形的形状来定义），将邻域内点的数量相加，然后除以邻域面积，即得到点要素的密度。如果 Population 字段设置使用的是 NONE 之外的值，则每项的值用于确定点被计数的次数。例如，值为 3 的项会导致点被算作三个点。值可以为整型也可以为浮点型。

（2）核密度分析

核密度分析法（kernel density estimation）是在概率论中用来估计未知的密度函数，属于非参数检验方法之一，由 Rosenblatt (1955) 和 Emanuel Parzen(1962) 提出，Ruppert 和 Cline 基于数据集密度函数聚类算法提出修订的核密度估计方法。该方法以特定要素点的位置为中心，将该点的属性分布在指定阈值范围内（半径为 r 的圆），在中心位置处密度最大，随距离衰减，到极限距离处密度为 0。通过对区域内每个要素点依照同样的方法进行计算，并对相同位置处的密度进行叠加，得到一个平滑的点要素密度平面。该方法以特定要素点的位置为中心，将该点的属性分布在指定阈值范围内（半径为 r 的圆），在中心位置处密度最大，随距离衰减，到极限距离处密度为 0。通过对区域内每个要素点依照同样的方法进行计算，并对相同位置处的密度进行叠加，得到一个平滑的点要素密度平面。表达式为：

$$f_h(x)=\frac{1}{nh}\sum_{i=1}^{n}K\left(\frac{x-x_i}{h}\right) \tag{4-1}$$

式中，$K(\cdot)$ 为核函数；r 为阈值半径；$h>0$ 的一个平滑参数，称为带宽；n 为点状地物个数；$x-x_i$ 为估计点 x 到样本 x_i 处的距离。

2. 空间聚类分析

（1）高 / 低聚类分析模块（Getis—Ord General G）

高 / 低聚类工具可针对指定的研究区域测量高值或低值的密度。高 / 低聚类它是一种推论统计，这意味着分析结果将在零假设的情况下进行解释。高 / 低聚类统计的零假设规定不存在要素值的空间聚类。此工具返

回的 p 值较小且在统计学上显著，则可以拒绝零假设。如果零假设被拒绝，则 z 值的符号将变得十分重要。如果 z 值为正数，则观测的 General G 指数会比期望的 General G 指数要大一些，这表明属性的高值将在研究区域中聚类。如果 z 得分值为负数，则观测的 General G 指数会比期望的 General G 指数要小一些，这表明属性的低值将在研究区域中聚类。

当存在完全均匀分布的值并且要查找高值的异常空间峰值时，首选高 / 低聚类工具。遗憾的是，高值和低值同时聚类时，它们倾向于彼此相互抵消。如果在高值和低值同时聚类时测量空间聚类，则应使用空间自相关工具。

（2）多距离空间聚类分析模块 (Ripley's K 函数)

Ripley's $K(r)$ 函数是点密度距离的函数，该函数最早由 Ripley 建立，函数假设在区域点状地物空间均匀分布，且空间密度为的情况下，距离 d 内的希望样点平均数为。点状地物平均数和区域内样本点密度比值为。用变量 Ripley' s $K(r)$ 函数表示现实情况下距离 d 内的样本点平均数和区域内样本点密度的比值，Ripley' s $K(r)$ 函数有多种构建方式，其中应用较多的计算式为：

$$K(d)=A\sum_{i=1}^{n}\sum_{j=1}^{n}\frac{w_{ij}(d)}{n^{2}} \tag{4-2}$$

式中，n 为点状地物个数；为在距离 d 范围内的点 i 与点 J 之间的距离；A 为研究区面积。通过比较这些样本点平均数和区域内样本点密度比值的实测值与理论值，Ripley's $K(r)$ 函数判断实际观测点空间格局是集聚，发散还是随机分布。

1977 年，Besag 对 $K(r)$ 进行了改进，将 Ripley 的 K 函数标准化得到 L 函数，提出 $L(r)$ 函数，公式如下：

$$L(r)=\sqrt{\frac{K(r)}{\pi}}-r \tag{4-3}$$

如果 $L(r)$ 小于随机分布的期望值，即为负值，则认为样本点有均匀分布的趋势；$L(r)$ 大于期望值，即为正值，则样本点有聚集分布的趋势，否则为随机分布。

（3）热点分析模块（Getis-Ord Gi*）

热点分析用来分析不同类型空间元素在空间上的关联和聚集程度。该统计量通过计算某个要素及其给定距离范围内相邻要素的局部总和与所有要素的总和进行比较，用于分析属性值在局部空间水平上的集聚程度，公式如下：

$$G_i^* = \frac{\sum_{j=1}^{n} w_{i,j}x_j - \overline{X}\sum_{j=1}^{n} w_{i,j}}{s\sqrt{\frac{\left[n\sum_{j=1}^{n} w_{i,j}x_j - \left(\sum_{j=1}^{n} w_{i,j}\right)^2\right]}{n-1}}} \tag{4-4}$$

式中，X_j 是 j 的属性值，$W_{i,j}$ 是要素 i 和 j 之间的空间权重，n 为要素总和，且

$$\overline{X} = \frac{\sum_{j=1}^{n} x_j}{n} \tag{4-5}$$

$$S = \sqrt{\frac{\sum_{j=1} x_j^2}{n} - \left(\overline{X}\right)^2} \tag{4-6}$$

该方法统计原理为当某一要素本身具有高值，且被其他同样具有高值的要素所包围时，则该要素则成为具有显著统计意义的热点，反之，则是冷点。该方法需要为数据集中的每个要素返回 Gi* 统计，即 z 值。对于具有显著统计学意义的正的 z 值，z 值越高，高值（热点）的聚类就越紧密。对于统计学上的显著性负 z 值，z 值越低，低值（冷点）的聚类就越紧密。

3. 空间相关性分析

（1）空间自相关分析模块 (Moran's *I*)

莫兰指数一般是用来度量空间相关性的一个重要指标，分为全局莫兰指数（Global Moran's *I*）和安瑟伦局部莫兰指数（Ansel in Local Moran's *I*）两种类型，前者由澳大利亚统计学家帕克·莫兰（Patrick Alfred PierceMoran）在 1950 年提出的，后者是美国亚利桑那州立大学地理与规划学院院长 Luc Anselin 教授在 1995 年提出的。

莫兰指数是一个有理数，经过方差归一化之后，它的值会被归一化到 -1.0~1.0 之间。Moran's $I > 0$ 表示空间正相关性，其值越大，空间相关性越明显；Moran's $I < 0$ 表示空间负相关性，其值越小，空间差异越大；Moran's $I = 0$，空间呈随机性。

（2）最邻近距离分析（*NNI*）

最邻近距离是通过比较计算最近邻的点对的平均距离与随机分布模式中最邻近的点对的平均距离，用其比值 *NNI* 判断其与随机分布的偏离，公式如下：

$$
\mathrm{NN1}=\frac{d(NN)}{d(ran)}=\sum_{i=1}^{n}\frac{\min(d_{ij})}{n}\times\frac{1}{d(ran)} \tag{4-7}
$$

式中，*NNI* 为最邻近距离系数，*n* 为样本点数目，d_{ij} 为点 *i* 到点 *j* 的距离，$min(d_{ij})$ 为点 *i* 到最邻近点的距离，*d*（*ran*）为空间随机分布条件下的平均距离，其取值一般为：

$$
d(ran)=0.5\sqrt{\frac{A}{n}} \tag{4-8}
$$

式中，*A* 为研究区面积。

最邻近距离统计认为样点格局随机分布时，最邻近点对间平均距离与平均随机距离相等，*NNI*=1；样点格局聚集时，最邻近点对间平均距离会小于平均随机距离，*NNI* ＜ 1，且 *NNI* 比值越小，样点格局越集聚；样点格局较随机分布更加发散时，最邻近点对间平均距离大于平均随机距离，*NNI* ＞ 1，且 *NNI* 比值越大，样点格局越分散。

同时，可采用 *Z* 值检验计算结果的统计显著性，公式如下：

$$
Z=\frac{d(NN)-d(ran)}{SE_{d(ran)}} \tag{4-9}
$$

$$
SE_{(ran)}=\sqrt{\frac{(4-\pi)A}{4\pi n^{2}}}=\frac{0.26136}{\sqrt{n^{2}/A}} \tag{4-10}
$$

若 *Z*<-2.58，则在 99%置信度上，该点模式属于集聚模式；若 *Z*>2.58，则在 99%置信度上，该点模式属于均匀模式。

4. 其他空间模型

（1）区位选择—消费配置模型

“区位选择—消费配置模型”（location-allocation model）在德国人阿尔弗雷德韦伯（Alfred Weber）于 1909 年提出的韦伯区位理论上演化而来。从广义上讲，区位配置模型是指在选择最佳商店位置的同时，将客户最合理地分配给这些被选中的位置。也就是说，区位配置模型对设施的定位和对需求的分配是同时进行的。它可以用来在同一区域同时选择数个位置，尤其适合连锁企业的商店布局。对同类商店来说，每一个需求点被分配给最近的商店。

20 世纪 60 年代以后，区位配置模型得以迅速发展。最为经典的是由韦伯区位理论延伸而来的“*P*- 中值”（*p*-median）问题，即寻找 *p* 个生

产 / 供应中心，使得这些中心到消费 / 需求点（demand point）之间的总体运输成本最低，或叫最短距离问题。2012 年，美国环境系统研究所（Environment System Research Institute, ESRI）在前人研究的基础上把区位配置模型纳入了其开发的 ArcGIS 10.1 平台，成为该平台“网络分析”模块软件（Network Analyst）。该软件（10.1 版）将区位配置模型分为最短距离（Minimize Impedance）、覆盖最大化（Maximize Coverage）、实际覆盖最大化（Maximize Capacitated Coverage）、设施最少化（Minimize Facilities）、就近客户最大化（Maximize Attendance）、市场份额最大化（Maximize Market Share）、目标市场份额（Target Market Share）7 类，区位配置模型的选用依所要解决的问题而定。美国环境研究所近年推出的专业“商业分析”（Business Analyst）软件则只包括了就近客户最大化、最大市场份额、目标市场份额 3 种区位配置模型。

目前，区位配置模型已趋向于处理更为复杂的布局问题，并能更为精确地模拟生产者和消费者之间的商业流通行为，其模拟环境也更贴近实际。现阶段，区位配置模型既可用于（营利性的）商业设施的选点，也可应用于（非营利性的）公共服务设施在一个城市内的布局，如学校、医院、图书馆、警察局、消防站和救护车派遣站。

（2）多准则决策模型（Multi-criteria decision-making，MCDM）

多准则决策是指在具有相互冲突、不可共度的有限（无限）方案集中进行选择的决策，而空间多准则模型（S-MCDM）就是多准则决策模型在空间上的表达。空间多准则决策模型将多种元素和因子作为准则进行评价与分析，准则是评价工作的基础，被称为项目评估影响因子。在任何的按比例步进式变化（percent change，PC）的情况下，所有的准则因子权重的总和为 1，多准则模型的计算公式如下：

$$W(pc)=\sum_{i=1}^{n}W(c_i,pc)=1 \tag{4-11}$$

式中，$W(c_i, pc)$ 是第 i 个准因子，C_i 是在一定 PC 取值下的权重值，n 是准则因子的总数。

（3）商业空间与人口的耦合度模型

空间中两个地理要素分布的耦合性（一致性）检验反映的是系统内部的协同作用，表示系统或要素彼此之间相互作用和影响的程度。城市人口的基本集聚单元为住宅，且住宅周围的商业配置直接影响着人们的生活品质，因此研究可用住宅小区人口代表集聚区，测算出住宅小区人口权重，通过 ArcGIS 平台测量住宅小区到最近商业点距离代表商业空间与人口的耦合性，同时根据各类商业点辐射范围，亦可将原有空间数据和属性数据中超出居住空间所需商业服务范围的商业数据排除。

住宅小区人口权重的测算按照面积权重内插法的思想，即假设同类型用地的人均面积权重相同，根据目标区内各个源区所占面积的百分比来确定目标区某个属性值。该方法对于整个城市或者城市的大片区域等中观以上尺度反映城市人口空间特征的实证研究效果较好。

本书以相应住宅小区的建筑面积为基本权重，以相应街道作为源区域把人口数分摊到各人口集聚区上，得到人口权重，任意小区 i 的耦合度基本模型如下：

$$C_i = P_* \times \frac{d_{\max}}{d_i} = \frac{A_i}{A_j} \times \frac{P_j}{P_{\max}} \times \frac{d(\max)}{d_i} \quad (4\text{-}12)$$

式中，C_i 表示 i 小区与商业空间的耦合度；P_*为 i 小区人口权重；d_i 为 i 住宅小区到最邻近商业网点的距离；d_{max} 为住宅小区到最邻近商业网点距离中最远的距离。A_i/A 为 i 小区建筑面积与所在街道 j 的建筑面积之和的比率；P_j 为街道 j 的人口；P_{max} 为全市人口权重最大的小区人口。C_i 越大，耦合性越好。

4.3 商业空间布局优化大数据决策支持平台构思

4.3.1 平台框架搭建

经过课题组的分析和实践可发现，商业空间布局优化的研究范围广泛，可利用的大数据门类众多，建立囊括所有研究内容的商业空间布局优化平台的难度很大。但是，综合分析国内外学者在该领域的研究成果及应用案例，目前在城市规划领域，尤其是商业空间布局规划领域，所应用的空间分析方法相对统一，主要集中于空间集聚模式、空间相关性分析、空间格局分析等空间分析领域，以及空间优化、智能识别等优化模型的应用方面，这为搭建开放式决策平台提供了基础和支撑。

因此我们可以打破传统空间分析依靠单一的规划新技术运用模式，通过搭建商业空间布局优化大数据决策支持平台，将规划师和决策者从繁琐复杂的操作工具中解脱出来，通过一个平台实现定量化研究技术在布局优化及决策过程中的应用（图 4-4）。

平台可以通用 ArcGIS 平台为载体，通过统一的标准搭建扩展模块，充分集成"空间句法""区位选择 - 消费配置模型""空间网络分析模型"等定量化商业空间布局评价及优化模型，构建开放式可扩展的城市商业空间布局优化平台。将大数据支撑下获得的城市商业空间布局细化指标和动态要素进行综合定量化分析，以指导空间布局的集成优化。例如，空间句法理论对人居空间结构的量化描述可以在宏观层面对城市商业空间布局的集成度进行评价与优化，在微观业态层面对空间的易理解性进行评价，指导商业综合体内部空间的布局优化。以 ArcGIS 平台为基础，兼顾规划师的工作平台和环境，提供 AutoCAD 平台交互接口，可以实现平台的快速上手及成果的迅速交互。

商业空间布局优化大数据决策支持平台是一个开放的系统，在总体结构设计与技术框架构建完成的基础上，可以根据商业空间布局优化工作的需求，逐步研发并丰富系统的功能模块系统。平台的系统框架大致可分为数据管理平台、软件支撑平台、商业空间布局优化模块及平台对接体系四个层面，总体框架如图 4-4 所示。

数据管理平台是基础地理信息、专题规划信息及各类大数据等基础数据的管理体系，以地理信息数据库为框架，形成数据的管理体系，方便平台存储和调用。

软件支撑平台由数据库管理系统、ArcGIS 平台、规划分析方法支撑三大类支撑软件为主，由 ArcGIS 平台予以统筹，涵盖了商业空间布局优化模块所需要调用到的所有功能的支撑软件和系统。

商业空间布局优化模块为平台最主要面向用户的内容，整合商业空间布局优化所使用到的各类模块，主要包括空间分析模块、优化分析模块、大数据提取处理模块与其他模块四大类。

平台对接体系主要功能是实现平台与规划编制体系和规划管理体系的无缝对接，初步功能为通过与 AutoCAD 平台的交互输入输出来实现与规划设计及编制单位的实时互动；通过预留与规划管理部门的规划管理信息系统或者“规划一张图”系统的对接接口，来实现与规划管理部门的无缝对接。

4.3.2 商业空间布局优化模块构思

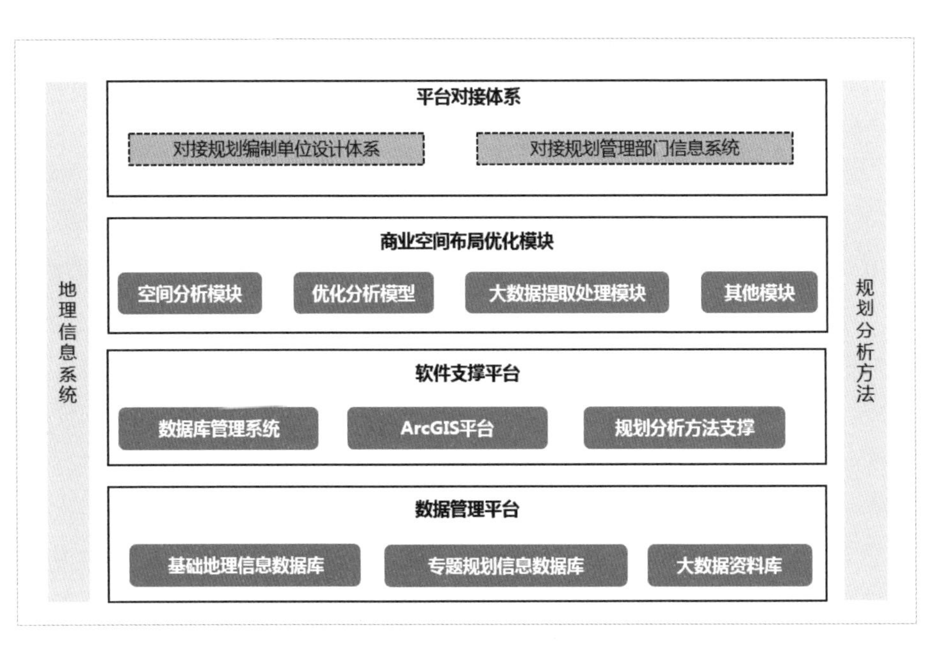

图 4-4 商业空间布局优化大数据决策支持平台系统框架

商业空间布局优化模块的设计主要以服务商业空间布局分析为主要目的。目前主要涵盖上文提及的空间分析模块、优化分析模块、大数据提取处理模块与其他模块四大类模块类型。商业空间布局优化模块体系的建立主要以整合集成为主，自主开发为辅，旨在建立一个开放的、不断完善丰富的商业空间布局优化工具箱体系。

根据集成工具的来源渠道，决策平台可集成商业空间布局优化工具箱模块大致可分为三大类：① ArcGIS 平台集成的核密度分析等与商业布局优化相关的基本运算模块或工具；②目前已经相对成熟的基于 ArcGIS 平台开发的独立工具或软件；③以商业空间布局优化工作为直接导向的独立开发探索的模型或工具，例如基于 ArcGIS 平台提供的图层叠加计算等分析功能实现的耦合度模型计算体系即可封装成独立的模型和工具，以便调用。

1.ArcGIS 平台自有工具模块

基于对商业空间布局分析方法的综述分析以及本书研究团队的分析实践，ArcGIS 平台的多个空间分析工具在商业空间布局分析中应用十分广泛，因此商业空间布局优化模块可以从 ArcGIS 平台中提取或调用相应的工具直接进行分析，并将这些常用工具集成于商业空间布局优化平台中，提高平台的工作效率。

根据分析，可以直接 ArcGIS 平台调用的工具主要有以下七类：

①密度分析模块；

②高 / 低聚类分析模块（Getis-Ord General G）；

③多距离空间聚类分析模块 (Ripley's *K* 函数)；

④空间自相关分析模块 (Global Moran's I)；

⑤热点分析模块（Getis-Ord Gi*）；

⑥近邻分析模块；

⑦ LA 模型。

2. 基于 ArcGIS 平台二次开发的成熟模块

随着地理信息系统在各领域应用的不断深入，ArcGIS 平台上涌现了大量的针对不同问题开发的成熟模块和工具，摸清这些模块和工具所集成的基础算法和分析原理，调整计算方法和参数，这些工具在商业布局优化工作中也能够发挥很大的效用，因此商业空间布局优化大数据决策支持平台集成这些成熟模块，对平台的功能完善有很重要的作用。下面三个工具就是其中十分典型的软件和模块。

（1）GME（Geospatial Modelling Environment）模块

GME 模块是澳大利亚昆士兰大学 Hawthorne Beyer 博士基于 ArcGIS 10 平台开发的一套开源的分析和建模工具，其前身是基于 ArcGIS 9.3 平台开发的 Hawths Tools 模块，该模块含了它的前身 HawthsTools 的大部分功能，主要集成了最邻近距离分析、空间分析建模等功能，其中最邻近距离分析的模块设计较为实用。

（2）Crimestat 分析工具

Crimestat 软件由美国 National Institute of Justice 等机构资助，由美国 Ned Levine 博士主持开发。该软件开发的最初目的是对犯罪事件进行空间统计分析，目前该软件在城市空间分析、流行病学研究等领域也获得广泛的应用。商业空间布局分析中的最邻近距离分析、Ripley's $L(d)$ 函数运算等任务均可利用该软件完成。

（3） 空间句法分析工具

空间句法是 20 世纪 70 年代由英国伦敦大学巴格特建筑学院 Bill Hillier 首先提出的一套完整的理论体系、成熟的方法论，以及专门的空间分析软件技术。目前空间句法的理论和分析方法在全世界的接受度和应用范围十分广泛，在商业空间布局优化的工作中应用前景也十分广阔，基于该方法原理建立的分析软件主要有 Axwoman（基于 ArcGIS 平台）及 Depthmap（基于 AutoCAD 平台），这两类软件均可以集成进我们的商业空间布局优化大数据决策支持平台。

3. 独立开发探索的商业空间布局规划大数据分析模块

（1） 大数据获取及处理模块

大数据获取和处理是商业空间布局优化大数据决策支持平台重要的子功能模块。目前大数据获取主要有两个渠道：专业的数据搜集处理机构或平台整理，以及互联网络抓取。

目前互联网抓取数据的技术发展较为成熟，批量处理的方式很适合封装成专业的工具以便非专业人士直接调用。本平台可以搜集获取或者开发这些工具并集成在商业空间布局优化大数据决策支持平台中予以调用（图 4-5）。

（2） 商业空间布局规划分析模型

商业空间布局规划分析模型是以商业空间布局优化工作为直接导向的

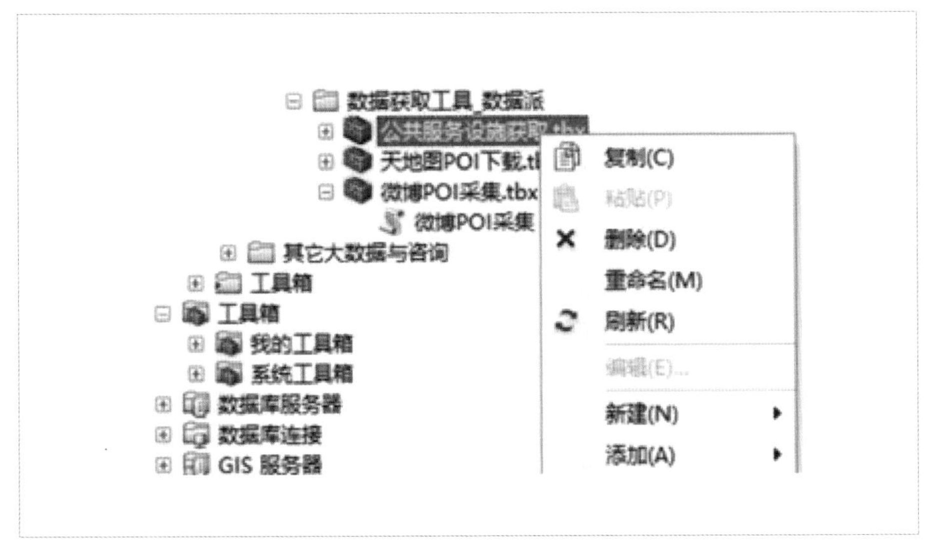

图 4-5 大数据获取模块集成示意

独立开发探索的模型或工具，以商业空间人口耦合度模型为例，可以基于ArcGIS 平台提供的图层叠加计算等分析功能实现的耦合度模型计算体系即可封装成独立的模型和工具，以便调用。

4.4 决策平台工作逻辑推演

作为商业空间布局优化大数据决策的支持平台，该平台承担着涉及基于大数据的城市商业空间布局优化各个层面工作的整合和支撑的功能，包括数据获取、空间分析、决策方案演绎，以及后续商业空间适宜性评价等内容。

如图 4-6 所示，商业空间布局优化大数据决策支持平台的利用贯穿于商业空间布局动态监测及优化的全过程中，目前主要支撑的内容为商业空间布局优化的分析阶段和商业空间布局优化的成果评价阶段。随着平台功能的逐步完善，以及平台与规划设计部门的工作及规划管理部门的业务的逐步对接和融合，平台的数据积累逐渐丰富和补充，该平台将有可能成为城市商业空间规划和决策支持不可或缺的支撑平台。

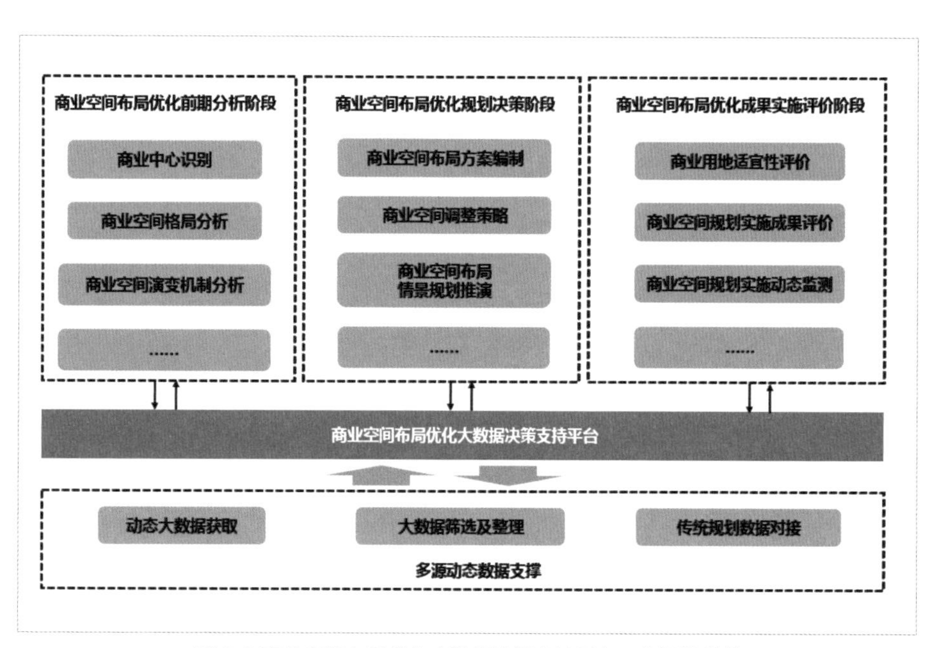

图 4-6 商业空间布局优化大数据决策支持平台工作逻辑推演

本章参考文献

[1] 杜宁睿，李渊 . 规划支持系统 (PSS) 及其在城市空间规划决策中的应用 [J]. 武汉大学学报，2005,01:137-142.
[2] 钮心毅 . 规划支持系统：一种运用计算机辅助规划的新方法 [J]. 城市规划学刊 ,2006,02:96-101.
[3] Klosterman, R. Siebert L. Hoque M. A., Kim, J. W. and Parveen A., Using An Operational Planning Support System to Evaluate Farml and Preservation Polices [M] // Planning Support Systems in Practice，Geertman, S. and Stillwell,J.(eds), Springer, Heidelberg, 2003:391-407
[4] Pettit, C. J.,Use of A Collaborative GIS-based Planning - Support System to Assit in Formulating a Sustainable-Development Scenario for Hervey Bay, Australia[J]. Environment and Planning B,2005,32(4):523-545.
[5] 李渊，朱庆，王静文 . What If 思想和 MCE-GIS 技术在城市规划中的应用——以惠州概念规划为例 [J]. 国外城市规划 ,2006,01:89-92.
[6] 周杰 . 基于 CommunityViz 的规划支持系统应用研究 [D]. 上海：华东师范大学 ,2010. 丁成日，宋彦，张扬 . 北京市总体规划修编的技术支持：方案规划应用实例 [J]. 城市发展研究 ,2006(3):117-126.
[7] 丁成日，宋彦，张扬 . 北京市总体规划修编的技术支持：方案规划应用实例 [J]. 城市发展研究 ,2006(3):117-126.